Blitzgewitter

Fröhliche Wissenschaft 214

Christian Haller

Blitzgewitter

Eine kurze Geschichte des Lichts,
in das wir uns stellen

Matthes & Seitz Berlin

Inhalt

»Wir befinden uns zwischen Wahrheit und
Wahrscheinlichkeit: Die Wahrheit ist
unsere Herkunft, die Wahrscheinlichkeit,
wohin wir gehen.«

Das Buch der Halbwahrheiten

I

Der neue Kosmos

1

Ein gewaltiges Krachen hat den Welt- und Seelenraum der Menschen durchdröhnt, als der mittelalterliche Kosmos einstürzte. Die starren Planetenschalen wurden zu Bahnen um die Sonne, und diese stand still, während die Erde sich bewegte. Die Himmelsthrone, gotisch aufgetürmt über der äußersten Kristallschale, barsten, donnerten mit Heiligen, Engelsscharen und den ewigen Gnadenlichtern zur Erde nieder. Und ich sehe eine riesige Wolke aus Staub, die in einem wirbelnden Ring über Land und Meer rast, mit ihrer Druckwelle eine Welt wegfegt, die Kathedralen baute, an eine jenseitige Erlösung des Menschen glaubte und in der die »res universalis« das Fundament alles Wirklichen war.

Im allmählich sich klärenden Auge des fortrollenden Gewölks, inmitten von Resten und Ruinen, die an Überbleibsel antiker Stätten erinnerten, stand nun der moderne Mensch. Er stand da allein, auf sich gestellt, und sah zu den sich weitenden Horizonten.

2

War die Erde nun nicht mehr die Mitte eines Kosmos, der die aristotelisch-ptolemäischen Lehren, die neuplatonischen Ideen und die christliche Gläubigkeit zu einem prachtvollen Ganzen verbunden hatte, so war nun der Mensch zum Mittelpunkt der Welt geworden.

3

Das alte Weltgebäude hatte in Dantes »La Divina Commedia« die letzte, umfassende Ausformung gefunden. Geführt vom römischen Dichter Vergil, durchwanderte Dante und mit ihm der Leser den jahrhundertealten Kosmos. Sie stiegen in den durch Luzifers Sturz in die Erde geschlagenen Höllentrichter hinab, um an dessen tiefsten Punkt, dem Eissee, durch einen schmalen Gang auf die Gegenseite der Erdkugel zu gelangen. Vom Höllentrichter hochgestoßen, ragte dort der Berg der Läuterung auf, terrassiert von aufsteigenden Ringen, gekrönt vom Irdischen Paradies. Durch den sublunaren Raum ging die Reise zu den Planetenbahnen hoch und hinauf ins Himmlische Paradies, um weiter durch einen Tunnel die ewige Lichtfülle göttlicher Gegenwart zu erreichen. Und es war dieses göttliche, für irdische Augen nicht zu schauende, hell leuchtende Licht, unter dessen tiefstem Strahl und Observanz der Mensch auch in seinem irdischen Dasein stand. Sein Tun und Lassen wurde vom Allmächtigen »gesehen«, und dieses göttliche Licht war ein tastender Blick, der nach antiker Auffassung Häutchen um Häutchen vom Menschen-

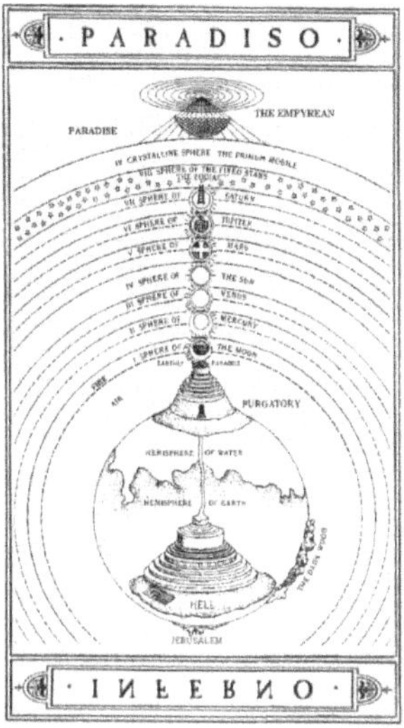

Abb. 1

getriebe ablöste und zu einem Buch aller Verdienste und Verbrechen band. Nichts blieb verborgen, keine noch so geheime Tat, kein noch so hinter Masken versteckter Gedanke. Die Lichthäutchen, diese mittelalterlichen Röntgenaufnahmen des Heiligen Geistes, füllten die Archive für den Jüngsten Tag.

4

Der Mensch der neuanbrechenden Zeit fand sich nach dem Einsturz des mittelalterlichen Weltbildes nicht länger beschienen vom Strahlenmeer des göttlichen Lichts, vom niederschwebenden Heiligen Geist pfingstlich erleuchtet. Er stand im heiteren Strahl der Sonne, um die er auf seinem Erdenglobus kreiste, im Wechsel der Jahreszeiten. Und er, als »Deus terrestris«, sah um sich und auf die Welt. Er beobachtete ihre Wesen, und was er im sich allmählich lichtenden Staubnebel an Belebtem und Unbelebtem entdeckte. Er zeichnete es auf für den jeweiligen Tag, ergänzte und führte die Schriften fort, die in den Bibliotheken der Klöster seit der Antike ruhten.

5

Doch dieser Mensch betrachtete auch sich selbst, sah sich im reflektierenden Licht des Spiegels als ein »Einziger«, der allein sich selbst gegenüberstand, ein »Objekt« der Untersuchung. Und dieses Bild, das er im Spiegel sah, ließ sich verändern, je nachdem, ob das Glas nach innen oder außen gewölbt war (Parmigianino: Selbstbildnis im Konvexspiegel). Es konnte jedoch auch als ein Bild in ein Bild hineingeworfen werden, ohne dass die Figuren im Bildraum es zu sehen vermochten (van Eyck: Arnolfini-Hochzeit).

Abb. 2

Abb. 3

6

Der Mensch der Renaissance war von all dem neuen Schauen freudig erregt: Entlassen aus dem Behütetsein der Heiligen Familie und ihren Reihen von torüberwölbenden Jüngern, Heiligen, Jungfrauen und Engeln, entlastet vom Druck, die Ewigkeit auf den Schultern eines kurzen Lebens tragen zu müssen, wandte er den Blick den Horizonten zu. Er bestieg, in der Nachfolge Petrarcas, die Berge, hielt Ausschau nach Küsten, Meeren, neuen Kontinenten – und noch hatten sich die Staubnebel des weltbildlichen Einsturzes nicht so weit gelichtet, dass dieser Mensch, »einzig von der Begierde getrieben, (...) mit eigenen Augen zu sehen« (Francesco Petrarca, Die Besteigung des Mont Ventoux), auch schon hätte erkennen können, dass sein Blick nirgends mehr Halt finden würde: Die kopernikanisch noch idealen, kreisrunden Planetenbahnen, ein Nachhall der antiken Kugelgestalt des Kosmos, wurden bei Kepler elliptisch, und im Fernrohr Galileo Galileis rückte Gott mit seiner himmlischen Heerschar in immer größere Ferne. Der einst behütete Raum des aristotelischen Weltbildes, diese »kosmische Fruchtblase Gottes«, in der Mensch und Welt gediehen, weitete sich zur Unendlichkeit, war dunkel und leer. Der Mensch, noch im Rausch seines neuen Sehens, musste lernen, statt der Bürde der Ewigkeit, die seiner Einsamkeit zu tragen.

7

Um den Blicken im leeren, unendlichen Raum einen Halt zu geben, um eine Nähe und ein Gefühl des »In-der-Welt-Seins« zu schaffen, mussten Häuser, Hügel und Berge den Blick begrenzen. Die Landschaft als gestaffelte Kulisse ersetzte die einst bergenden Hüllen des alten Kosmos. In ihr stand jeder als ein Individuum, und von seinem Standpunkt zogen sich die »Sehstrahlen« (mittels derer antike Schriften das Sehen erklärten) zu den Giebeln und Berggipfeln. Fasste man diese Sehstrahlen als Linien auf, unterwarf sie der Geometrie, erhielt man in den noch immer weltbildlichen Turbulenzen ein berechenbares,

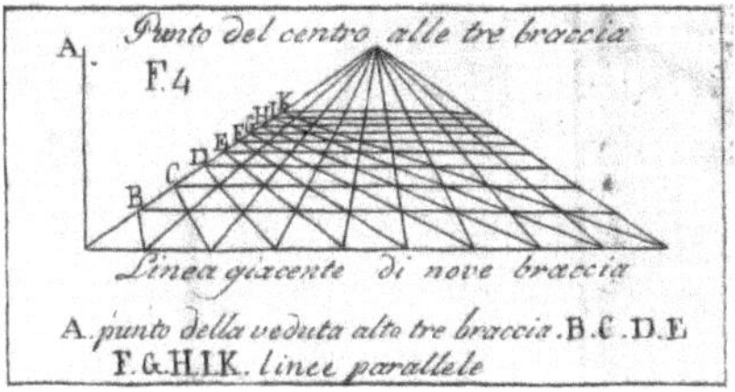

Abb. 4

die Erscheinungen ordnendes System: die Perspektive. Sie staffelte die sichtbaren Dinge nicht nur in die Tiefe, sie setzte auch Wertungen, verwies von dem einen auf das andere, verbarg dieses und hob jenes hervor oder erhöhte seine Bedeutung durch eine Flucht von Kolonnaden, Fenstern und Türen. Die Perspektive lehrte den Betrachter, einen orientierenden »Sinn« in das zu Betrachtende hineinzusehen, und dieser Sinn richtete sich nun nicht mehr nach der gotisch zum Himmel strebenden Vertikale aus, sondern entlang der irdischen Horizontalen, deren Erscheinungen sie in die richtigen Verhältnisse zueinander setzte. Die Renaissance schuf mit Hilfe der Perspektive Maß und Proportion, die ähnlich der Auffassung von Harmonie in der Antike war.

8

Von der Helle des Schauens und Ordnens einer lichten Tagwelt hob sich deutlicher ein Dunkel ab, das im Menschen selbst lag: das Obskure. Die Perspektive ordnete zwar einerseits die Erscheinungen der Tagwelt, andererseits schuf sie die Täuschung, zeigte dem Auge eine bisher unbekannte Illusion: die Tiefe in der Fläche. Die Sinne ließen sich täuschen, der perspektivische Geometrismus öffnete auch in unseren inneren Bildern eine Überhöhung und Verzerrung. So brachen in die hellen, leuchtenden Landschaften weltlichen Schauens das Fantastische, Manieristische einer Nachtwelt herein.

9

In diesem dunklen Seelenraum »gotisierte« sich der Renaissancemensch selbst. Er war nicht nur »ein Gott der Erde«, er empfand sich im Dunkelraum der Nacht als Schöpfer mit göttlicher Befähigung. Es brauchte keine übergeordnete, transzendente Macht, er selbst vermochte die platonischen Ideen als eigene, aus der Fantasie geborene Bilder in die Welt hineinzutragen: imaginäre Landschaften aus Traum und täuschender Künstlichkeit. Und wie zur Bestätigung seiner schöpferischen Fähigkeiten kamen die Schiffe zurück, nachdem sie »über den gefallenen Himmel, die Meere« (Federico Garcia Lorca) gefahren waren, brachten von den neu entdeckten Küsten Seltsamkeiten der Natur zurück, unbekannte Pflanzen, exotische Tiere, nackte, federgeschmückte Wilde, als entstammten sie der menschlichen Fantasie.

10

Drang ins Dunkel ein einzelner Lichtstrahl – es brauchte lediglich ein Loch im Fensterladen – erschien kopfüber auf der Wand ein verkleinertes, jedoch realistisches Bild der Außenwelt. Die Camera obscura, so glaubte man, zeige im Modell den Vorgang unseres Sehens: Durch die Augen fielen die Lichtstrahlen ins dunkle Innere des Menschen, bildeten dort unter der Schädeldecke getreu die äußere Welt ab. Und da diese ins Innere der Camera obscura projizierten Bilder den von Naturforschern gefundenen Gesetzen gehorchten, nämlich den geometrischen Rastern der Perspektive, mussten die äußeren Bilder objektiv sein. Sie zeigten eine vom Individuum unabhängige und unbeeinflusste Wirklichkeit.

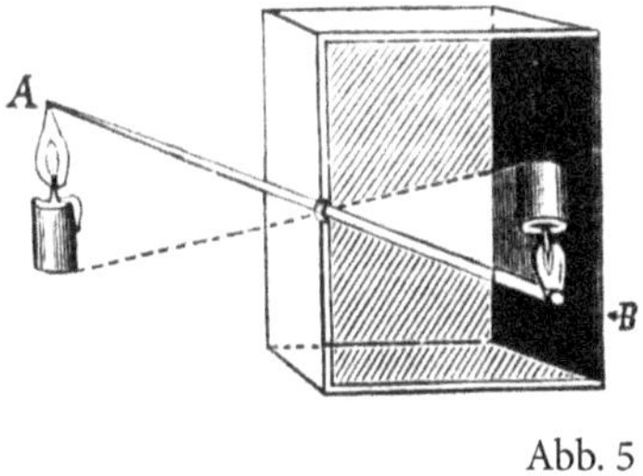

Abb. 5

11

Diese äußere Wirklichkeit nahm jedoch durch Krieg und Aberglaube die grotesken Züge fantastischer Ausgeburten an. Mit dem Sacco di Roma (1527) begann eine Zeit der Verwüstung, die bis zu den Friedensschlüssen Mitte des 17. Jahrhunderts dauerte und ein Werk beispielloser Zerstörung durch religiöse Wirren, Brandschatzungen und Hexenverfolgungen hinterließ, begleitet von Pestzügen und Hungersnöten, welche die Reste der mittelalterlichen Welt gänzlich zerstörten. Ein Albtraum überzog Europa, als hätte sich der Projektionsvorgang der Camera obscura umgekehrt, und das Obskure, Fantastische des Seelenraumes wäre durch die Augen hinaus in die Tagwelt geworfen worden: Krüppel, Verstümmelte, Versehrte füllten die Länder, die von Hexenglauben, Verrat, Mord und Wahnsinn gezeichnet waren, den Kontinent mit zerstörten Städten und verbranntem Land überzogen. Eine verdunkelte Außenwelt.

12

In ihr warf eine Laterna magica innere Lichtbilder auf die Seelenwände leidender Menschen, erleuchtete die verdunkelte Welt mit sehnsüchtigem Schein: Der Tod ist Erlösung. Er stößt das Tor auf zu wundersamen Landschaften. Durch sie führt der Pilgerweg in die hellen, heilen Gefilde des

Abb. 6

Jenseits, zum himmlischen Jerusalem und zum Paradies ewigen Friedens.

13

Und dieser »leuchtende Schein« strahlte von Kuppeln und Decken barock-prunkvoller Kirchen. Aufgemalte Bauelemente wie Säulen und Streben erhöhten perspektivisch den Raum. Im Kuppelrund täuschten die Farben einen ins Unendliche sich wölbenden Himmel vor. In diesen stiegen die Erlösten auf, einem grell blendenden Licht entgegen, während die Unglücklichen von den Pilastern stürzten: Eine Darstellung, deren perspektivische Fluchtpunkte gleichzeitig vom Betrachter hinauf in die Höhe und hinab in die eigene Tiefe führten. Dieser Effekt, der heute in seiner Wirkung kaum noch nachvollziehbar ist,

»beeindruckte« die Menschen damals zutiefst: Das manieristisch überformte und gesteigerte Geschaute drang machtvoll auf den Betrachter ein. Er hatte die Empfindung, eine Wand, die ihn bisher vom Außen getrennt hatte, breche durch, und er schaue in den äußeren Bildern die Bilder seines Inneren. Das Sehen war zur paradoxen Erfahrung geworden: Das Innen war außen und das Außen war innen. Diese Verkehrung wühlte ihn auf.

14

Die gezielte Täuschung des Sehens war erfunden, mit ihr die Werbung und ein Wissen um die Verführung durch Bilder.

War nach der Renaissance und dem Verschwinden letzter mittelalterlicher Reste schon der Glaube nicht zu retten, so sollte wenigstens die Kirche gerettet werden.

Der ikonophile Katholizismus inszenierte mit der Kenntnis werbenden Beeindruckens die großen Spektakel: Die Gründonnerstags-Prozessionen waren erste »Monumentalfilme«, die an den Zuschauern vorbeizogen, die Passionsspiele ein frühes »Woodstock« mit bis zu viertausend Spielern, während dreier Tage aufgeführt. Die allerkatholischen Majestäten zündeten festliche Feuerwerke, prunkvolle Garben farbiger Funken, welche einen Regen der Kostbarkeit über die Palastfassaden warfen, die als Silhouetten aufleuchteten, gespenstisch an die brennenden Städte vergangener Kriege, an Hölle und Totenwelten erinnerten, »flashs«, die sogleich erloschen.

Der ikonoklastische Protestantismus warf sein Licht des Geistes auf das Wort, donnerte mit gewaltigen Metaphern seine Moral von den Kanzeln herab und machte die Menschen glauben, die Wörter seien auch schon die Sache selbst, das Bezeichnen verändere auch schon das Bezeichnete.

II

Gesellschaftliche Universen

1

Die christliche Erneuerung, von Norden her durch die Reformation, von Süden her durch die tridentinische Gegenreformation, ließ eine Religiosität entstehen, die an Wörter glaubte und einen prunkvoll gemalten Himmel hatte.

2

Entsprechend dieser Reduktion des metaphysischen Himmels auf sein Zeichen, die ausgemalte Kuppel, und des Mysteriums auf das gepredigte Wort wurde auch der Kosmos im menschlichen Maß abgebildet: Die neuen, durch Kolonien erweiterten Imperien wie Spanien, England, Frankreich erhoben den gottbegnadeten, absoluten Fürsten zum gravitatorischen Zentrum. Er war die Sonne, ein »Roi Soleil«, um den die Planeten des Erbadels, der kirchlichen Würdenträger und die Sternhaufen des gewöhnlichen Volkes kreisten. Deren Subjekte bedeuteten repräsentierende (Stern-)Zeichen eines Standes, mit Eigenschaften und Einflüssen, durch die sie gravitatorisch auf die anderen gesellschaftlichen Bahnen einwirkten. Selbst aber blieben sie stets Teile der Umlaufbahn, der sie angehörten.

3

Während die Imperien sich als gesellschaftliche Kosmen verstanden, änderte sich im tatsächlichen All eine fundamentale Größe: Seit Aristoteles galten am Himmel andere Gesetze als auf der Erde. Newton jedoch kam durch seine Experimente und Berechnungen, die ihn zu den Bewegungs- und Gravitationsgesetzen führten, zum Ergebnis, dass dieselben Kräfte der Anziehung sowohl die Planeten bestimmten als auch die Gegenstände im uns umgebenden Raum. Die Gesetze galten universell, was zur Folge hatte, dass der Raum keine feste, absolute Größe mehr sein konnte. Hatte erst die Erde begonnen sich zu bewegen, wenn auch anfänglich noch in kreisrunden Bahnen (Kopernikus), so hatten jetzt die Körper im Raum selbst auch keinen absoluten Bezugspunkt mehr.

Auch wenn Newton postulierte, dass im Universum Raum und Zeit unveränderlich waren als »Sensorium Gottes«, durch das er in allem gegenwärtig sei: Diese Absolutheit war den Menschen nicht erfahrbar. Sie mussten sich mit veränderlichen Begriffen begnügen, da es auf Grund der gegenseitigen Anziehungskräfte keinen für uns absolut unveränderlichen Raumbegriff mehr geben konnte. Er musste, wie schon Gott und seine Entourage, hinter den Wahrnehmungshorizont, in die Unendlichkeit, ausgelagert werden.

4

Unverändert jedoch blieb die Vorstellung, wie wir Menschen all die Geschehnisse wahrnehmen, die der Tag uns erhellt, nämlich »dass die innere und äußere Sensation die einzigen für mich erkennbaren Wege sind, auf denen das Wissen in den Verstand gelangt. Sie allein sind, so viel ich sehen kann, die Fenster, durch die das Licht in diese Camera obscura Einlass findet. Denn meines Erachtens ist der Verstand gar nicht so unähnlich einem Zimmer, das gegen das Licht vollständig abgeschlossen ist und in dem nur einige Öffnungen vorhanden sind, um äußere, sichtbare Abbilder oder Ideen von den Dingen der Umwelt einzulassen. Wenn nur die in eine solche Camera obscura hineingelangenden Bilder dort dauernd verbleiben würden und sich ordneten, dass man sie im gegebenen Fall auffinden könnte, so würde die Camera hinsichtlich aller sichtbaren Objekte und der Ideen derselben dem menschlichen Verstand außerordentlich ähnlich sehen.« (Locke, Versuch über den menschlichen Verstand)

5

Die Camera obscura war allerdings nicht nur technisches Modell der Wahrnehmung, sie diente zugleich der Untersuchung des Sehens selbst.

Machte die Perspektive einen festen Standpunkt nötig, war der Betrachter am Sehen somit durch seine Stellung beteiligt – wobei das Sehen anfänglich auch noch als ein tastendes »Berühren« des Gesehenen gedacht war –, ermöglichte ihm eine zimmergroße Camera obscura, sich unabhängig vom Betrachteten zu bewegen, verschiedene Blickwinkel zum projizierten Gegenstand einzunehmen und sich so zu verhalten, als wüsste man um Newtons relativierten Raum. Das Objekt sowie seine Repräsentation lösten sich dadurch aus der Gesamtwahrnehmung, wurden Teile, die sich untersuchen ließen. Die seit alters magisch-mystische Natur konnte in Teile zerlegt, beschrieben, seziert, mikroskopiert und mit cartesianischem Ordnungssinn systematisiert werden. Das Licht zeigte dem forschenden Auge die Gegenstände und wurde dabei selbst zum Gegenstand der Untersuchung. Auch der große Newton bohrte ein Loch in den Fensterladen, wie später ebenso Goethe, um einen dünnen Strahl auf ein Prisma fallen zu lassen. Das Sonnenlicht fächerte in seine Regenbogenfarben auf und ließ sich durch seine Reflexion als aus Teilchen bestehend interpretieren, auf die ebenfalls die von Newton entdeckten, Gravitationskräfte wirken mussten. Dass Christiaan Huygens zur gleichen Zeit das Licht auf Grund der Beugung als aus Wellen bestehend beschrieb, schadete der Newtonschen Auffassung kaum. Zu groß war die Autorität des Giganten, auf den Pope dichtete:

»Nature and Nature's Laws lay hid in Night:
God said, Let Newton be! and all was Light.«

6

Gleichzeitig wurde auch die menschliche Vernunft als ein »Licht« begriffen, das die obskure Kammer, den dunklen Innenraum des Menschen mit seinen Ängsten und Irrungen »aufklären« sollte: »Die hineingelangenden Bilder« müssten »dort dauernd verbleiben (...), dass man sie im gegebenen Fall auffinden könnte« (Locke), und dazu schuf man das Projekt, alles Wissen in Enzyklopädien zusammenzufassen.

Zu diesem Wissen gehörte bereits die Berechnung der Lichtgeschwindigkeit durch den dänischen Astronomen Ole Christensen Rømer (1676), die Ansicht, bei der Milchstraße müsse es sich um den Arm einer in der Fläche spiralig angeordneten Anhäufung von Sternen handeln (Wright 1750) oder auch, dass es Sterne von solcher Masse und Dichte geben müsse, dass das Licht ihren Gravitationskräften nicht mehr entfliehen könne – es für uns folglich unsichtbar bliebe (Mitchell 1783).

7

Mit der Französischen Revolution endete die gesellschaftliche Nachbildung des Kosmos in Form des absolutistischen Staates. Und wo die dunkle Kammer hell ausgeleuchtet werden sollte, verlor auch die Camera obscura ihre Faszination und machte einem anderen Lichtspektakel Platz, dem Theater. Im erhellten Bühnenraum waren die Bilder bewegt und einer fortschreitenden Handlung unterworfen. In den Kulissen von Häusern oder verschlossenen Kammern wurden die Menschen selbst in ihrem Verhalten dargestellt: Wie reagierten, entschieden und handelten sie angesichts unerwarteter dramatischer oder komischer Situationen, und wie würde ich, der Zuschauer, mich verhalten?

Hatten zuvor im höfischen Theater noch die Tragödien der antiken Heroen, die Intrigen vergangener Königsgeschlechter oder die Liebeständeleien der »fêtes galantes« vorgeherrscht, wollte jetzt ein neuer Gesellschaftstyp seine Kämpfe, Nöte, Schicksalsschläge sehen: der Bürger. Sein »Kampffeld« war nicht das Herrschaftsgebiet eines möglichen Vasallen, sondern die Familie. Ihr stand er vor, ihren Begriff erweiterte er auf die Unternehmungen, die er gründete: Zur Familie gehörten auch »seine Leute« in den Manufakturen, den Kommissions- und Verlagsgeschäften, dem Betrieb und der industriellen Fertigung. Er sorgte für sie, fühlte sich verantwortlich und forderte als Gegenleistung ihre Loyalität.

8

Um den Patron des bürgerlichen Zeitalters gravitierten Frau und Kinder, das Dienstpersonal, die Angestellten und Arbeiter seiner Firma – ein nochmals verkleinerter, dafür vervielfachter Gesellschaftskosmos kopernikanischer Provenienz. Allerdings ließe sich diese nochmalige Verkleinerung des kosmologischen Modells während des bürgerlichen Zeitalters auch atomistisch interpretieren. Danach wäre nicht das Sonnensystem nochmals verkleinert, sondern das ihm ähnliche Modell des Atoms ins Bürgerlich-Familiäre vergrößert worden: Der Patron bildete den Kern, um den die Angehörigen auf ihren Bahnen in verschiedenen Energiezuständen der Nähe und Ferne kreisten.

9

Im Gegensatz zur vorhergehenden höfischen Auffassung einer königlichen Sonne lag dem bürgerlichen Kern als Zentrum die Auffassung einer Gleichheit aller zu Grunde, entsprechend dem Postulat der Französischen Revolution: Jeder sollte die Möglichkeit haben, zu einem gravitatorischen Zentrum mit um sich kreisenden Bahnen zu werden. Die meisten Menschen jedoch gehörten einer Kreisbahn an, und die Möglichkeit des Wechsels von der einen in die nächsthöhere

Gravitationssphäre schuf Ehrgeiz, Neid, Konkurrenz, aber auch eine Dynamik, verglichen mit der das alte, aristokratische System geradezu von aristotelischer Unveränderlichkeit gewesen war.

10

Die (groß-)bürgerlichen, familiären »Atome« verbanden sich mit anderen Elementen zu Molekülen. Und Moleküle, wie die chemische Forschung herausgefunden hatte, bilden die Stoffe, aus denen unser Universum besteht. Gewobene »Stoffe« prägten denn auch das bürgerliche Zeitalter, und die Möglichkeit ihrer Herstellung auf mechanischen Webstühlen war ein wichtiger Katalysator einer umfassenden industriellen Revolution. Die Webereien produzierten billiges Tuch und ließen eine Schicht reicher Fabrikbesitzer entstehen, die mit Zulieferern und Geldgebern eine über der Landwirtschaft und dem herkömmlichen Handwerk gelegene molekulare Gewerbe- und Handelsstruktur bildeten.

11

In der Proletarisierung eines Teils der Bevölkerung – es brauchte Taglöhner und Heimarbeiter – zeigte sich bereits auch eine gegenläufige Bewegung zu den »molekularen« gesellschaftlichen Verbindungen. Durch Arbeitslosigkeit,

Hungersnöte, Armut, vor allem aber als Folge des ersten Weltkriegs, vereinzelten die Arbeitskräfte, fanden keine Anbindung mehr. Es entstanden zunehmend »freie Radikale«, also ungebundene Atome mit einer oder mehreren freien Valenzen, die sich auf eine ganz neue Art verbinden ließen: In der Chemie des 20. Jahrhunderts sind die »Radikale« zu Ketten gleichförmiger Einheiten verbunden worden, den »Polymerisaten«, die als Kunststoffe ein beliebig formbares Material ergaben, billig herzustellen.

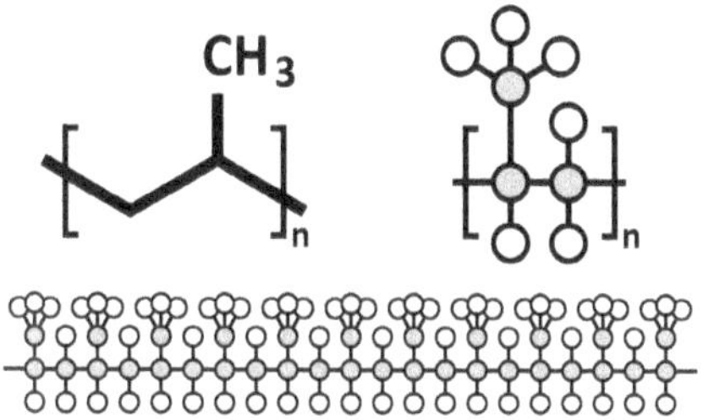

Abb. 7

12

Es marschierten die Kolonnen, ein Endlosband von Uniformierten im Stechschritt, hochgereckt das Kinn, ein von Menschen gebildetes Polymerisat gleichförmig verketteter Radikale. Und wie die neu erfundenen Kunststoffe als Ersatz für alles, was gewachsen und natürlich war, gebraucht werden konnten, verhielten sich auch die verkettet uniformen Massen. Sie ersetzten die herkömmlichen Strukturen gesellschaftlichen Lebens und ließen sich wie die Kunststoffe auch beliebig formen, zu was immer man sie presste.

III

Das lichtgezeichnete Ich

1

Die physikalisch-chemische Forschung widmete sich nicht nur neuen Stoffen, sie beschäftigte sich auch erneut mit dem Licht. 1802 hatte man dunkle Linien im Spektrum des Sonnenlichts entdeckt. Diese Absorptionslinien ließen Rückschlüsse auf die chemische Zusammensetzung der Gasatmosphäre der Sonne zu. Ähnliche Spektrallinien maßen die Wissenschaftler bei Planeten und Sternen. Anhand der Linien erfuhren sie, welche Elemente auf den fernen Himmelskörpern vorhanden sein mussten. Doch hoffte man, durch diese Untersuchungen auch etwas über die »Materialität« des Lichts selbst zu erfahren, das als Korpuskeln oder Wellen durch den Äther zu uns auf die Erde gelangte.

2

Durch die Beschäftigung mit dem Licht, mit optischen Experimenten, die Goethe zu seiner Farbenlehre führten, wurde eine vollständig neue Lehre des Sehens begründet. Sie bedeutete eine »zu Stande gebrachte Revolution«, nach der die Erkenntnis sich nicht mehr nach den Gegenständen, sondern »die Gegenstände (...) sich nach unserem Erkenntnis richten« müssen (Kant). Diese

»Umänderung der Denkart« wurde später als »zweite kopernikanische Wende« bezeichnet.

3

Wie vor ihm Descartes, Locke und Newton begann auch Goethe mit dem kleinen Loch im Fensterladen. Doch bald schon bemerkte er, dass die Wahrnehmung nichts vom Betrachter Unabhängiges ist, wie es die Camera obscura zwei Jahrhunderte lang suggeriert hatte: Das Auge nimmt je nach Versuchsanordnung die Farben unterschiedlich wahr, mehr noch, das Auge selbst ist befähigt, eigene Licht-Phänomene hervorzubringen, zum Beispiel durch Druck, vor allem aber in jenen Nachbildern, die auf der Netzhaut nach einem Blick in die Sonne entstehen.

4

Das In-die-Sonne-Starren brachte gleich drei führende Forscher – David Brewster, Joseph Plateau und Gustav Fechner – aus rauschhafter Begeisterung an dem Phänomen der Nachbilder beinahe ganz ums Augenlicht. Ihre Aufregung, die heute kaum noch zu verstehen ist, bleibt dennoch nachvollziehbar: Sie schauten durch einen Riss des Weltbildes in etwas ungeahnt Neues hinaus. Bei jedem der farbigen und sich stets ändernden Nachbilder wurde ihre Ahnung zur Gewissheit: Dieses seit der Renaissance und durch Descartes befestigte, geordnete Außen, das unbeeinflusst durch das Auge in das Innere des Betrachters geworfen wird, gab es nicht wirklich. Die einfachen Experimente legten nahe, dass das Auge selbst, der Betrachter und sein Inneres, einen Anteil am geschauten Außen hatten. Eine bis dahin klare Grenze fiel: Das Auge musste sonnenhaft sein, denn wäre es das nicht, »die Sonne könnt es nie erblicken« (Goethe).

5

Doch war es nicht allein das Auge, sondern bald schon das Ich, das sich sonnenhaft dünkte, zumal ihm der große Kant ein Weltgesetz in die Seele schrieb: »Das erste [der bestirnte Himmel über mir] fängt von dem Platze an, den ich in der äußern Sinnenwelt einnehme, und erweitert die Verknüpfung, darin ich stehe, ins unabsehlich-Große mit Welten über Welten und Systemen von Systemen, überdem noch in grenzenlose Zeiten ihrer periodischen Bewegung, deren Anfang und Fortdauer. Das zweite [und das moralische Gesetz in mir] fängt von meinem unsichtbaren Selbst, meiner Persönlichkeit, an, und stellt mich in einer Welt dar, die wahre Unendlichkeit hat, aber nur dem Verstande spürbar ist, und mit welcher (dadurch aber auch zugleich mit allen jenen sichtbaren Welten) ich mich nicht, wie dort, in bloß zufälliger, sondern allgemeiner und notwendiger Verknüpfung erkenne«.

6

Das Ich nobilitierte sich zu einem unteilbaren Ganzen, dem Individuum, gefestigt durch »Charakter«. War eine Wand zwischen Außen und Innen durch den subjektiven Anteil am Wahrnehmen der Objekte gefallen, so wurde in der bürgerlichen »Camera illuminata«, dem Theater, eine neue Wand hochgezogen: Sie trennt die Öffentlichkeit der Zuschauer von der Privatheit der handelnden Personen, ist vollständig fiktiv, wird von den Schauspielern gespielt, erlaubt aber dem Zuschauer die Täuschung, den Menschen auf der Bühne quasi durchs Schlüsselloch zuzusehen. Diese vierte Wand des Theaters, markiert durch den Bühnenrahmen und das Spiel, ermöglichte zu zeigen, dass zwischen dem öffentlichen und dem privaten Benehmen eine Identität oder eine Abweichung besteht. Dass beispielsweise dieses Ich als Charakter, wenn es allein und unbeobachtet ist, sich auch dann noch der Zange bedient, um Zucker in den Nachmittagstee zu geben – oder eben die Finger benutzt und damit seinen Charakter lediglich als ein »äußeres Gewand« entlarvt.

7

Das bürgerlich nobilitierte Ich ließ sich im Theater die eigene heroische Rolle bestätigen: Der aus festen Grundsätzen geformte Charakter, der unter allen Umständen an seinen Überzeugungen und an seinem Glauben festhielt, musste zwangsläufig in Widerspruch und Konflikt zu seiner Umgebung geraten. Seine Tragik lag im gesellschaftlichen Abstieg, ausgelöst durch seine Unbeugsamkeit, die ihm jedoch die innere Gewissheit gab, durch seine Festigkeit im Recht zu sein.

8

Dieses in hellem Licht stehende Ich europäischer Geschichte, vor dem dunklen Hintergrund Afrikas, Asiens und Südamerikas kolonial überhöht, wird nun selbst »lichtgezeichnet«. Die Fotografie wird erfunden. Durch sie geriet das Ich selber »in den Lichtkasten«, ins Innere der hellen Kammer als Bild. Die Daguerreotypie, eine versilberte Kupferplatte, war wie ein Spiegel, in dem das Spiegelbild verblieb, auch wenn man zur Seite trat: Aus der Aufnahme blickte das eigene Gesicht: klein, ohne zu altern, ein Homunkulus und schweigend Wissender, der den alten Orakelspruch des Tat Twam Asi um den kleinen Zusatz erweiterte: Das bist du – *gewesen*.

Abb. 8

9

Hatte man einmal mehr erhofft, durch das »Lichtbild« einen Aufschluss über die Chemie des Lichts zu erhalten, um endlich die Frage beantworten zu können, woraus Licht denn tatsächlich bestehe und aus was für Substanzen es sich zusammensetze, schaffte die Fotografie in der sich durch Subjektivität auflösenden Welt wieder einigen Halt: Die Kamera bildete als Apparat »objektiv« ab, sie war ein ins Material ohne Zutun eines Individuums eingeschriebenes Zeugnis, »was so gewesen ist« und »so gesehen worden ist«.

10

Doch der gewählte Blickwinkel der Kamera, der Bildausschnitt, die Art der Repräsentation der Person oder des Gegenstandes waren versteckt subjektiv: Wie jemand oder etwas ins »richtige Licht« gerückt wurde, beeinflusste das Bild ebenso wie die retuschierenden Techniken, die Abdunkelungen oder Aufhellungen im Labor.

11

Auch wenn das Foto dem Betrachter eine fiktive Objektivität zeigte, so glaubte dieser doch fest an das »Selbstbildnis«: Er war der, den er im Bild sah und den er so inszenierte, wie er ihn sehen wollte. Er versuchte, der eigenen und einer gesellschaftlichen Vorstellung zu entsprechen. Der Anzug oder die Robe bestimmten das Aussehen. Die Uhrkette und der Halsschmuck signalisierten den Wohlstand. Der Zylinder oder das Häubchen gehörten zum Stand, den man repräsentieren wollte, und bei bürgerlich aufgeklärten Kreisen war das aufgeschlagene Buch Pflicht. Man stand oder saß vor Prospekten. Diese waren klassizistisch, von den höfischen Malern entliehene Landschaften, zeigten zwischen Säulen sich ausbreitende Gärten, kolonial mit Palmen, Pyramiden und Vasen bestückt.

12

Es wurde wichtig, wie man gesehen wurde und auf den Betrachter wirkte. Das Sehen, wie die neu gegründete Physiologie entdeckte, war nicht nur eine äußerliche, »subjektive Teilhabe« am Wahrnehmen. Unsere Nerven und Sinnesorgane empfinden einen durch das Wahrnehmen verursachten inneren Zustand. Johannes Müller, ein bedeutender Physiologe des frühen 19. Jahrhunderts, hat diesen Befund folgendermaßen geschildert: »Man hat die Nerven immer als blosse Leiter für die Qualitäten der äusseren Dinge angesehen, so dass die Nerven gleichsam passiv die Eigenschaften der Körper dem Bewusstsein überbringen sollten, ohne etwas an den Eindrücken von diesen Qualitäten zu verändern. In der neueren Zeit hat ein Teil der Physiologen herausgefunden, dass die Leitung *einen Zustand* (kursiv CH) unserer Nerven zum

Bewusstsein bringt, veranlasst durch eine äussere Ursache. »Wir empfinden nicht das Messer, das uns Schmerz verursacht, sondern der Zustand unserer Nerven ist schmerzhaft.«

13

Hatte einstmals im Barock der Betrachter die Empfindung, eine Wand, die ihn bisher vom Außen getrennt hatte, sei gefallen, ihn schauten sein eigenes Empfinden, seine eigenen Gefühle von den Kirchenwänden an, so drang jetzt das Abgebildete selbst als Erregung in den Menschen. Die Fotografie, ihre Betrachtung, schuf durch ihr realistisches Bild einen starken Reiz entlang der Nervenbahnen. Der Körper des Betrachters erfuhr eine neue »psychische Formbarkeit« durch die Reize des fotogenen Sehens. Die Pornografie entstand und nahm im 19. Jahrhundert ein industrielles Ausmaß in der Produktion stereoskopischer Apparate und Bilder an, die ein quasi dreidimensionales, also »reales« Sehen des »Obszönen« (off-scene) noch steigerten: private, heimliche Blicke auf das Verbotene, das außerhalb des gesellschaftsfähigen Rahmens lag.

14

Zugleich fand im öffentlichen Leben das bürgerliche Ich als Charakter seinen Höhepunkt als kleistischer Held auf der Bühne und sein Ende in den

Stücken Ibsens: Bei Kleist besaß der Handelnde noch eine objektive Wahrheit, an der er unnachgiebig festhielt, um an den sich verändernden Umständen zu scheitern. Die ibsenschen Figuren mussten sich zuletzt mit dem wohlanständigen Anschein begnügen, um am Obszönen – dem außerhalb des Bildes gehaltenen – zugrunde zu gehen.

15

Dieses übersteigerte Ich hatte jedoch bereits Mitte des 19. Jahrhunderts einen gehörigen Stoß erhalten. Wie die Erde beim Zusammenbruch des mittelalterlichen Weltbildes, so wurde nun der Mensch selbst aus der zentralen Stellung der Schöpfung geworfen. Durch Darwins Theorie von der Entstehung der Arten wurde die menschliche Spezies hinaus in die biologischen Kreisläufe von Mutation und Selektion katapultiert, deren gravitatorisches Zentrum der Zufall war. In seinen Stammbaum – der für den Adel noch Legitimation und Prestige bedeutete – schlich sich jetzt die Viecherei ein, und was noch schlimmer war, selbst jene dunklen Gesichter auf Plantagen, in den Elendshütten, als Diener und Arbeitstiere in den Kolonien erwiesen sich als Geschwister: Man hatte lauter arme Verwandte!

16

Doch ließ sich »Das Herz der Finsternis« mit Bogenlampen und Gasleuchten überstrahlen. War die Erhellung des Menschen durch die Vernunft, wie sie die Aufklärung schaffen wollte, nicht so erfolgreich verlaufen wie erhofft, sollten wenigstens die Straßen und Häuser erhellt werden. Es war gelungen, die Funken und Blitze in einer Glaskugel einzufangen: Die Glühlampe entließ die Leute aus dem Zyklus von Tag und Nacht, und ließ findige Hoteldirektoren von einer künstlichen Sonne träumen, die vom Berggipfel herab ihr »Palace« oder »Vue des Alpes« bestrahlte.

17

Dieses Licht technischer Erfindungskraft beförderte die industrielle Entwicklung maßgebend, erlaubte ausgedehnte Arbeitszeiten und Schichtbetrieb, die beide Voraussetzung billigen Produzierens waren. Das elektrische Licht veränderte die Gesellschaft im Lebensrhythmus, im Lebenstempo, aber auch in den Tätigkeiten: Mit dem Netz elektrischen Stroms drangen dessen Anwendungen in den öffentlichen und privaten Raum.

18

Nicht nur das Auge musste sich an Helle und deren Dauer gewöhnen, es brauchte auch neue Wörter für etwas, das nicht mehr mit Flamme und Docht zu beschreiben war und die Helle auf seltsam unkonkrete Art erzeugte: Man drehte das Licht an oder aus, in der Schweizer Mundart wurden die Lampen auch »angelöscht« und »abgezündet«, Benennungen des Vorgangs, die verraten, dass man nicht verstand, was man benutzte.

19

Mit der Elektrizität kam das Unverständliche in den Alltag, eine Art göttlicher Kraft, die sich beherrschen und den Menschen europäischer Provenienz im Licht seiner technischen Errungenschaft erstrahlen ließ: Er konnte durch Strömung Strom erzeugen, Licht und Wärme produzieren, Maschinen antreiben, sie steuern und automatisch große Mengen an Waren herstellen. Er fühlte sich historisierend als neuer »Renaissancemensch«, als ein »deus technicus«, allen Geschöpfen überlegen, berufen, andere Kulturen und Länder zu beherrschen. Das überlegene Ich war nach dem darwinschen Schock einigermaßen wiederhergestellt. Mochten alle Menschen miteinander verwandt sein, so waren einige (frei nach Orwell) verwandter als andere, und man erfand die »Rassen«. Doch wie hatte Heinrich Hertz gesagt: Die Elektrizität erzeugt Scheinbilder.

20

Die neue Helle – anfänglich ein Luxus und Prestige gehobener Schichten – sollte heller und heller werden. Man hatte genug von Dämmerschein und die Augen ermüdender Schummrigkeit: »Ausleuchten« der Räume war ein Muss, man sollte auch in die dunklen Winkel sehen. Doch was man dort fand, waren nicht nur Staubflusen.

21

Es war bei Kerzenschein und Gaslicht einfach gewesen, was man nicht sehen wollte oder sehen sollte, weg und in die Ecken zu schieben, es aus der Sichtbarkeit zu verdrängen. Doch das Dunkel selbst drängte ins Helle, wollte gesehen und analysiert werden.

22

Durch die Psychoanalyse erlebte dieses stolze, auch selbstgefällige Charakter-Ich nur wenig später seinen Untergang. Es lief in seiner überheblichen Schwerfälligkeit am Eisberg des Unbewussten auf, sank in die Tiefen der Seele unter den Klängen von »Näher mein Gott zu dir«, doch der hatte sich längst am Arm Nietzsches aus der Welt verabschiedet. Und diese gottlose Welt veranstaltete einen Weltkrieg, der ähnlich den Verheerungen des Dreißigjährigen Krieges eine ganze Epoche beendete: Das gesamt Bruttosozialprodukt der industriellen Produktion und kolonialen Ausbeutung von 1800–1914 wurde in vier Jahren vernichtet, mit ihm Landschaften, Dörfer und eine europäische Kultur, die in der Renaissance, inmitten der Staubwirbel eines zusammenbrechenden Weltbildes, begonnen hatte und in den Gasnebeln und Artilleriewüsten als eine »Reise ans Ende der Nacht« (Louis-Ferdinand Céline) endete.

IV

Das zwiespältige Licht

1

Im Verlaufe der Neuzeit verkleinerte sich das Sonnensystem als Abbild des gesellschaftlichen Kosmos. Vom absolutistischen Staat über das bürgerliche Unternehmertum zur Familie wurde letztlich das Ich jedes Einzelnen als Mittelpunkt eines Kosmos gesehen, der allerdings nicht gegeben, sondern erworben werden musste: Um einen erst zu individuierenden, inneren (Wesens-)Kern sollten seine Talente, Prägungen, Fähigkeiten und Eigenschaften gravitieren, die sein Umfeld gestaltend erhellten. Bei diesem Versuch avancierte das Bewusstsein zu einem »Empyreum«, das ES wurde zum unbewegten Beweger über einem abnehmenden Wissens- und Erinnerungsfluss, der sich bis in die tiefsten dantesken Höllen des Unbewussten hinab ergoss. Wie sich in der »Göttlichen Komödie« zuunterst im Höllentrichter ein enger Durchgang zur anderen Seite der Welt befindet, so auch im sich verengenden Trichter, der vom absolutistischen Staatssystem hinab zum atomisierten Einzelfall führt: Der Mensch am Ende der Neuzeit fiel durch das innere Atommodell in ein Jenseits, stürzte in subatomare Dimensionen ab, in sich vermehrende Teilchen, die anderen Gesetzen als den uns bisher bekannten folgten.

2

Am Ende des 19. Jahrhunderts schienen die meisten physikalischen Fragen beantwortet zu sein oder ließen sich – wie geglaubt wurde – bei genügendem Aufwand noch beantworten. Wüssten wir genug, ließe sich jedes Ereignis vorausbestimmen, denn sie gehorchten deterministischen Gesetzen.

Zwei Probleme allerdings blieben ungelöst:

- Wie hängen Raum und Zeit zusammen und wie verhalten sich die Massen der Himmelskörper zueinander?
- Woher schöpft die Sonne ihre Energie und wie verhält sich die Farbe des Lichts unter idealen Bedingungen, zum Beispiel in einer geschlossenen, doch glühenden Kugel?

Lichtgeschwindigkeit und Licht waren bei der Beantwortung der Fragen zentrale Untersuchungsgegenstände, die zu zwei Theorien führten, welche das Bild von unserer Welt und dem Universum vollständig veränderten: Relativitätstheorie und Quantenmechanik.

3

Mit der Relativitätstheorie endete eine weitere feste Größe im Universum: die Zeit. Sie konnte nicht nur im Empfinden verschieden lang sein, sondern auch gemessen, abhängig von der Geschwindigkeit relativ zum Betrachter bzw. von

Abb. 9

dem jeweiligen Höhenabstand der Messung. Waren Raum und Zeit unverrückbare und getrennte Größen gewesen, verband die allgemeine Relativitätstheorie sie zu einer neuen Dimension, der vierdimensionalen Raumzeit. Deren Felder wurden durch die alten Himmelskörper gekrümmt, an deren Rand – beispielsweise der Krümmung durch die Sonne – unser Planet Erde seine Bahn wie eine Roulettekugel zieht.

4

War das Licht – dieser einstmals göttliche, später vernünftige Strahl – als ein chemisches Stoffgemisch vermutet und aus Korpuskeln bestehend oder Wellen in einem Äther erklärt worden, führten die Experimente infolge der Quantentheorie zu einer gänzlich anderen Auffassung von dem, »was die Welt im Innersten zusammenhält«.

Durch die Erforschung der atomaren Strukturen, durch Untersuchungen über das Verhalten von Lichtquanten, den Photonen, zeigte sich im »Doppelspaltexperiment«, dass sich das Licht sowohl als Wellen als auch als Teilchen verhielt. Und dieser Dualismus besagte, dass ein Photon sowohl durch den einen wie den anderen Spalt des Experimentes gehen konnte, es aber auch durch beide Spalten gleichzeitig tat – und dies unvorhersehbar.

5

Hatten die Physiologen des 19. Jahrhunderts herausgefunden, dass das Sehen durch den Reiz entlang von Nervenbahnen in den Körper hineinwirkt, so entdeckte die moderne Physik, dass der Beobachter das zu Beobachtende (die Messung) verändert. Das bedeutet eine Unschärfe, die eindeutige Voraussagen ausschließt, immer nur ein Feld von Möglichkeiten öffnet, in dem es Wahrscheinlichkeiten gibt und der Zufall bestimmt. Einen Determinismus, wie ihn Laplace noch angenommen hatte – dass, wenn wir nur genügend wüssten, wir auch Künftiges bestimmen könnten – war Geschichte.

6

Das Weltbild, das durch die relativitätstheoretische und quantenphysikalische Forschung entstanden ist, antikisiert die religiösen wie die philosophischen Erklärungen vergangener Zeiten. Die klassische Physik hat sich durch die neue Forschung nicht als falsch erwiesen. Ihre Gesetze beschreiben lediglich das schmale Spezialfeld unserer Alltagswelt. Von dessen Erfahrungen, die Menschen zu allen Zeiten gemacht haben, sind diejenigen unter dem Begriff der Mystik vereinigten den Ergebnissen der modernen Physik am ähnlichsten: Auch ihre durch Erfahrung gewonnenen Erkenntnisse entziehen sich der Sprache, ja einem Verstehen, das sagbar wäre.

7

Auch wenn die neuen Theorien noch viele Fragen offenlassen, die Quantenmechanik mit der Relativitätstheorie zu keiner Einheit verbunden werden kann, brachten sie apparative Anwendungen hervor, die auch ohne ein in allen Teilen geklärtes theoretisches Fundament funktionierten. Diese Anwendungen schufen technische Möglichkeiten, die bis anhin undenkbar waren.

Zu den auf Quantenmechanik basierenden Techniken gehören die Kernspaltung und ihre verschiedenen Anwendungen, die digitale Ton- und Bilderzeugung, die Halbleitertechnologie in Computern, Smartphones oder Satelliten sowie das GPS und alle möglichen Formen von Steuerungen, Speicherungen von Daten, von industriellen und militärischen Robotern etc. Diese Techniken haben tief in die gesellschaftlichen Strukturen eingegriffen und verändern sie in einem sich beschleunigenden Maß.

8

Diese Anwendungen tendieren dazu, sich zu maskieren: Sie gleichen analogen Vorgängen und sind »unsichtbar«. Ähnlich wie die Elektrizität, die angewendet, aber gemeinhin nicht »verstanden« wird, die allgegenwärtig, jedoch unbeachtet bzw. »verdrängt« bleibt, verhält es sich mit den quantenmechanischen Implikationen moderner Techniken: Wir brauchen sie in Computern, Smartphones, in Tablets, Kameras und Navigationssystemen täglich, ohne uns bewusst zu machen, was genau wir anwenden und wie dieses Anwenden uns und unsere Gemeinschaft verändert.

9

Keine Technik ist neutral, und wir haben es nie in der Hand, sie zum Guten oder Schlechten anzuwenden, wie wir uns gerne einreden und Heilsprediger uns beständig glauben zu machen versuchen. Eine einmal erfundene Technik kann nicht ungenutzt bleiben. Wir wenden sie an, wie sie uns anwendet bzw. zu Anwendern formt, und diese beiden Teile sind äquivalent zueinander: unser Verhängnis.

10

In den Anfängen der quantentheoretischen Forschung galt die Regel, dass ihre Ergebnisse nicht auf makroskopische Dimensionen übertragen werden durften. Dies verbot sich offenbar aus mathematischen Gründen. Dennoch kam es stets wieder zu Versuchen, quantentheoretische Befunde zur Grundlage eines veränderten Nachdenkens über die Welt und unser Verhalten in ihr zu machen. So durch Norbert Wiener in seiner Kybernetik oder durch John von Neumanns Spieltheorie für die Ökonomie.

11

Würden quantentheoretische Befunde allgemein auf unsere Alltagswelt übertragen, hätte dies tiefgreifende Folgen. Wir müssten uns von allen absoluten Werten und Setzungen verabschieden, vorbei wäre es mit der Objektivität, den Tatsachen, der Kausalität. Nichts wäre nur richtig oder falsch, scharfe Gegensätzen würden unscharf, die Wahrheit mutierte zur Wahrscheinlichkeit, und die Wirklichkeit bestünde aus einem Konstrukt aus Wirksamkeiten.

12

Dass solche Übertragungen quantenphysikalischer Erkenntnisse über die technischen Anwendungen bereits in unser Denken eingedrungen sind, zeigt sich an zwei Begriffen, die allgemeiner Sprachgebrauch geworden sind, vor einem Vierteljahrhundert jedoch noch kaum verbreitet waren: Relativismus und Virtualität. Sie bilden die Koordinaten eines Feldes, in dem wir uns zusehends bewegen.

13

Der Relativismus beschreibt das Entkoppeln von Werten aus festen Maßgaben und deren jeweilige Bemessung durch situativ sich verändernde Parameter: Es entsteht ein Netzwerk vielfach aufeinander reagierender Beziehungen wie beispielsweise Mode, Markt, mediale Ereignisse und Meinungen. War ein Geldschein durch Gold gedeckt oder ein moralischer Wert durch die christliche Ethik, bestimmen nun fiktionalisierte Marktleistungen den Geldwert, so wie sich die Moral an allgemeinen Empfindungen, Umfragewerten und allmählich akzeptierten Gewohnheiten orientiert.

14

Die Virtualität wird durch den elektronischen Raum ermöglicht: Er dehnt sich mit der Verbreitung elektronischer Geräte permanent aus und bildet zum analogen Raum der herkömmlichen Wahrnehmung einen ergänzenden Raum, den wir nicht durch Türen, sondern Bildschirme betreten. Im elektronischen Raum herrschen nicht die identischen Gesetze wie im analogen: Die Wahrnehmung ist zeitlich wie räumlich erweitert, Kontakte sowie die mögliche Aufmerksamkeit sind potenziert, Geschwindigkeiten in Abläufen beschleunigt, Distanzen werden spielend überbrückt.

15

Wir leben immer mehr in elektronischen Räumen und werden noch mehr darin leben müssen oder wollen, da sich zunehmend Tätigkeiten in den virtuellen Raum verlagern – selbst Freizeitgestaltung und Erholung. Der analoge und der elektronisch erzeugte virtuelle Raum sind komplementär, ähnlich Wachsein und Traum. Sie schließen sich gegenseitig aus, sind nicht unabhängig voneinander, wenn auch ohne ursächliche oder direkte Verbindung. Beide sind notwendig für das klärende Verständnis des »Weltbildes«, das seit mehr als einem Jahrhundert unser Leben zu bestimmen begonnen hat.

16

Wir müssen damit rechnen, dass der virtuelle Raum sich mit der Entwicklung der künstlichen Intelligenz verselbstständigt und sich aus der heutigen Verschränkung von analoger und virtueller Welt löst, uns Menschen zurücklässt mit einer uns handhabbaren, durch künstliche Intelligenz gesteuerten Virtualität, die unserer analogen Welt ungefähr äquivalent ist. Die höheren Sphären der künstlichen Intelligenz jedoch werden uns verschlossen bleiben: Sie werden uns klar die Grenzen unserer Wahrnehmungs- und Denkfähigkeit aufzeigen.

V

Sich ins Licht stellen

1

Der Umbruch von der klassischen zur quantentheoretischen Physik zu Beginn des 20. Jahrhunderts veränderte nicht allein das »Weltbild«, sondern die Bilder allgemein, die wir von uns selbst und von unserer Umgebung machen: Ein radikaler Wandel, der sich anhand der fotografischen Entwicklung und wie wir uns ins Licht zu stellen angewöhnt haben, nachvollziehen lässt.

2

Alle Techniken und Berechnungen, die seit der Renaissance gefunden worden sind, um ein Abbild einer Person oder Landschaft zu schaffen, wurden in ihrer Detailtreue von der Fotografie übertroffen. Dies verlieh ihr anfänglich den Charakter eines Zeugnisses: Sie dokumentierte – wie man allgemein glaubte – einen von unserer Wahrnehmung unbeeinflussten Zustand und war durch die Belichtung des Films nicht mehr veränderbar.

3

Die Fotografie besaß Zeugnischarakter. Sie objektivierte sowohl das Bild, das man sich von der Welt machte, als auch das von einem selbst. Beiden kam zudem eine Repräsentanz zu, die sich im Porträt deutlich zeigte. Der Bürger ließ sich ablichten, wie der Adel sich einstmals hatte porträtieren lassen: Die malerische Darstellung folgte jedoch der Kunst und nicht der Mechanik, das heißt einer Ästhetik und malerischen Tradition, die eine Parallele in der tradierten Repräsentanz des Adels hatte. Deren Porträts verwiesen mehr auf Amt und Würde als auf die Wiedergabe individueller Züge. Die Fotografie als ein mechanisch-chemischer Ablauf führte im Gegensatz dazu nicht zu einem primär ästhetischen, sondern realistischen Abbild: So war ich, so sah ich aus, was sich schnell mit dem »so möchte ich gesehen werden« vermischte.

4

In den fotografischen Porträts zeigte man sich folglich von seiner »besten Seite«, also in Sonntagskleidung, vor einem Prospekt (Interieurs, Gärten) und mit den vom Fotografen hinzugefügten Accessoires wie Vorhängen, Säulenstücken, Vasen und Kübelpalmen. Diese Arrangements, die das Surreale, aber auch Theatralische der Fotografie und das hochstaplerische Bedürfnis der

Abb. 10

Abgebildeten verraten, wurden schnell zu einer Konvention bürgerlicher Selbstdarstellung. Man benutzte die Abbilder, auf Karton gezogen und mit Goldschrift versehen, als Visitenkarten.

5

Mit den sozialen Umwälzungen vor und während des Ersten Weltkriegs verschwindet auch dieser Hintergrund. Die »weltliche Umgebung«, repräsentiert durch Balustraden, Vasen und Blick auf Gärten, Bäume, Landschaften, verblasst. Der Hintergrund wird zur neutralen, farblosen Fläche, wodurch der Porträtierte herausgehoben und totalisiert wird. Er allein steht auch für die einstige Umgebung, die dadurch auf die Kleidung reduziert wird. Milieu und gesellschaftliche Zugehörigkeit werden durch Anzug und Robe angezeigt, durch ein Schmuckstück oder ein Requisit ergänzt. Hatten die alten Prospekte, wenn auch theatralisch bestückt mit klassizistischen Elementen, auf eine Herkunft aus gehobenem Milieu verwiesen, ist jetzt einzig der Abgebildete als Individuum von Belang: Das Geld für Anzug und Schmuck konnte vererbt oder erworben sein, es konnte aber für die Aufnahme auch aus dem Pfandhaus stammen.

Bei der Durchsicht eines Stapels mir unbekannter Porträts aus den USA der zweiten Hälfte des 19. Jahrhunderts ist mir aufgefallen, dass der Hintergrund bewusst milchig verwischt ist: Die Individuen sind gleich, nämlich ohne Hintergrund, Menschen ohne Herkunft, die sind, was sie sind, Einzelne.

6

Der Einzelne, im Porträt ein Ich ohne Umgebung, wird in Folge der technischen Vereinfachung und durch das Verbilligen der Apparate und des Materials in eine Bildabfolge aufgelöst. Er soll nicht durch ein Einzelbild (Porträt) repräsentiert werden, sondern durch eine fotografische Biografie. Sie dokumentiert den Einzelnen als Bildabfolge eines Stationenwegs, der über Geburt und Taufe, zum ersten Schultag, Ausflügen und Ferien, dem ersten Fahrrad, Firmung, Bar Mizwa oder Konfirmation, zu Schulabschluss, Auto, erster Liebe und Heirat führt. Nicht mehr die repräsentative »Stellung« vor der Linse ist gefragt, sondern Momente aus einem dynamischen Entwicklungsgang, durch Schnappschüsse festgehalten, die einen geglückten Lebensweg dokumentieren.

7

Da der vorgegebene idealtypische Lebensweg und seine Stationen stark durch Waren und Produkte mitbestimmt sind, wird das Album auch zu einem Katalog gelungenen Konsums. Zwar wird immer noch der Einzelne abgelichtet, doch entscheidend ist weniger sein Aussehen, als was er konsumiert. Die Umgebung rückt erneut ins Ensemble, doch ist sie nicht mehr repräsentatives Dekor, sondern zeigt, was man sich konsumistisch leisten kann: Ferien, ein Auto, das Haus, die neue Robe.

8

Dabei spiegelt der Schnappschuss ein Bild, das den Bildern der Werbung gleicht, und man will sich auch so fühlen wie der abgebildete Mann, die Frau, das Paar vor dem neuesten Ford, am Strand der italienischen Riviera, im Anzug der letzten Mode; die Werbung selbst liefert immer suggestivere »Vorbilder«, mit denen man durch den Erwerb des Produktes ähnlich zu werden hofft: Ein durch das Produkt imaginierter Wandel des Selbstbildes, das jedoch bereits kurz nach dem Kauf zu verblassen beginnt und das ernüchterte Ich für einen erneuten Wandel, das heißt Kauf, anfällig macht.

9

Durch die digitale Bildproduktion und ihre unbegrenzte Verfügbarkeit sind Parallelwelten möglich geworden, die ungleich grösser und wirksamer sind, als es die konsumistische Werbewelt analoger Bilder gewesen ist. Der Unterschied zwischen digitaler und analoger Fotografie bedeutet nicht nur eine neue Art der Bildproduktion, sondern markiert auch den Bruch des Weltbildes, der sich zwischen der klassischen und der modernen Physik ereignet hat.

10

Das analoge Bild ist Ergebnis einer klassischen physikalisch-chemischen Anwendung: Es gehört dadurch in das vergangene newtonsche Zeitalter mit seiner Auffassung von Raum, Zeit und den darin beobachtbaren Bewegungsgesetzen. Die digitale Fotografie dagegen ist angewandte Quantenmechanik. Diese basiert auf grundlegend anderen Erkenntnissen von Raum und Zeit sowie der beobachtbaren Bewegungen und hat zu technischen Anwendungen geführt, die zuvor so undenkbar waren wie die Theorien, auf denen sie basieren.

11

Beim analogen Bild wird durch Blende und Linse ein Film belichtet, wodurch dessen Beschichtung verändert wird. Dieser Vorgang hält einen Augenblick gewesenen Lebens fest, und ist am Vergangenen orientiert.

Das digitale Bild schreibt nichts fest oder überspitzt ausgedrückt: Es hält nichts fest. Es schreibt nichts nirgends ein, kein entropischer Vorgang macht es irreversibel. Es ist streng genommen auch kein Bild mehr, obwohl es genauso aussieht:

Die digitale Aufnahme ist eine auf Erkenntnissen atomarer Vorgänge und der Halbleitertechnik basierende Lichtrechnung. Bildbearbeitungen, wie sie jedermann heute selbstverständlich vornimmt, sind programmierte Umrechnungen von Photonenzahlen. Deshalb kann ich bei einer Landschaftsaufnahme die Belichtung ändern, Störendes entfernen, Farben vertiefen, Formen schärfen, es aber auch wieder in das ursprüngliche Bild zurückrechnen. Das digitale Bild zielt auf Zukunft: Es ist stets nur der Ausgangspunkt der nachfolgenden Bearbeitung, und gibt mir die Macht, zu bestimmen, wie etwas auszusehen hat.

12

Die Art von Bildern, die in den Jahrtausenden kultureller Geschichte der Menschheit hergestellt worden sind – sei es durch Zeichnung und Malerei, Drucktechniken, Fotografie oder in Stein gehauene Reliefs – sind kategorial verschieden von den digitalen Bildrechnungen, die uns umgeben: Wir sind umflossen von einem bisher unbekannten Maß an Bildwelten, die nicht aus »wirklichen« Bildern bestehen. Sie schaffen um uns einen »virtuellen Raum« aus Bildschirmen und Displays, Screens und Leinwänden voller leuchtender Bildrechnungen.

13

Die analogen Bilder haben neben anderen Absichten immer den Aspekt gehabt, das Flüchtige, Vergängliche des Daseins festzuhalten: Als Artefakte im Zeitenstrom hatten sie Erinnerungswert. Auf Papier gezeichnet, in Stein geätzt, auf Leinwand gemalt, in Holz geschnitten oder in Knochen geritzt, bezeugten sie das »So-erinnere-ich-mich-was-ich-gesehen-habe«. Selbst illuminierte Schrift- und Druckseiten haben diesen bildlichen Erinnerungswert, der sich mit einem Material verbindet.

Das digitale Bild dagegen besitzt keinen Erinnerungswert. Es ist ein elektromagnetischer Zustand, der nicht nur beliebig veränderbar ist, sondern unter Entzug von Energie spurlos verschwindet. Es lässt sich zwar ausdrucken und dadurch nachträglich »materialisieren«. Doch bleibt sein Zeugnischarakter durch die vorgängig unbegrenzte Veränderbarkeit (Potenzialität) gering.

14

Dafür schafft die digitale Bilderzeugung eine geradezu fantastische Erweiterung unseres räumlichen und zeitlichen Wahrnehmens: Neben dem analogen Alltagsraum von einigen hundert Metern Sichtweite in Jetztzeit entsteht ein sich stets vergrößernder, paralleler »virtueller Raum« beliebiger Orts- und Zeitsprünge. Während touristische Reisen einem Zappen durch analoge Landschaften und Städte gleichen, wird im elektronischen Raum unendlich schnell von Ort zu Ort gewechselt, wobei die Orte an keiner Route mehr zu liegen brauchen und kontinentweit voneinander entfernt sein können. Dazu kommt die Möglichkeit, auch die Zeitebenen zu wechseln: Von der Gegenwart in die Vergangenheit oder in eine extrapolierte Zukunft. Zappen im elektronischen Raum bedeutet, innerhalb von Sekunden aus verslumten Vorstädten in Südamerika zu einem englischen Mittelalterepos zu wechseln, um mit einem Klick in der Weltraumkapsel einer Science-Fiction-Story zu fremden Galaxien aufzubrechen.

15

Der Einwand, die Städtereise sei real und die Reise im elektronischen Raum virtuell, wertet den Unterschied aus einer vergangenen Perspektive, die dem einen Raum einen höheren Grad an Wirklichkeit zuordnet als dem anderen. Als Näherung im Alltag ist dies auch berechtigt, so wie es sinnvoll ist, auf Raum und Zeit die newtonschen Gesetze anzuwenden und nicht den raumzeitlichen Begriff von Einsteins Relativitätstheorie. Beide Räume, der analoge wie der elektronische, sind Informationskonstrukte, die durch unterschiedliche Verarbeitung entstehen.

Die Informationen des »realen« Raums werden relativ invariant verarbeitet, das heißt, ich nehme sie immer ähnlich und gleichbleibend wahr: Der Tisch ist der Tisch ist der Tisch. Dies erlaubt ein Abgleichen und Überprüfen. Die Informationen des »virtuellen« Raums dagegen werden flexibel verarbeitet. Ihre scheinbare Invarianz ergibt sich lediglich durch die einzige und einmalige Präsentation. Eine Überprüfung durch Abgleichung ist unmöglich. Doch kann ihre Wirklichkeit – auch im Sinne der Wirksamkeit – gerade dadurch, dass sie als eine unüberprüfbare, doch unwiderlegbare Behauptung wirkt, enorm gesteigert werden.

16

Der Gewinn eines allein durch unsere technischen Mittel gestaltbaren Raums, der sich über die Welt erstreckt, hat das Bewusstsein, was oder wer bedeutend ist, verändert. Nur wer oder was AUCH im elektronischen Raum erscheint, besitzt die vollständige und zu erstrebende Verwirklichung. Diese besteht aus einer Superposition, was in der Quantenmechanik die gleichzeitige Überlagerung zweier Zustände bezeichnet. Übertragen auf einen Menschen, der auch im virtuellen Raum präsent ist, heißt das: Ich bin gleichzeitig »real«, jedoch unsichtbar, und ich bin gleichzeitig »virtuell« und nicht real, jedoch sichtbar.

17

Es gibt zwei Arten, den elektronischen Raum zu betreten. Den üblichen durch den Bildschirm und den unüblichen durch die Kamera eines Studios. Im ersten Fall schaut und hört man sich in den Raum des Bildschirms hinein, bewegt sich projektiv in den gezeigten Geschehnissen und Landschaften. Im zweiten Fall ist man tatsächlich als Bild im elektronischen Raum gegenwärtig, von einer Kamera in eine Sendung eingespielt.

18

Der elektronische Raum ist wie der literarische Zeichenraum ein Identifikationsraum. In ihm identifiziere ich mich mit den Figuren und Geschehnissen, die sich dort ereignen. Im literarischen Raum schaffe ich als Leser, projektiv und durch die Zeichen (Buchstaben und Wörter) angeregt, meine Figuren und Orte, während der elektronische Raum sie mir vorgibt: Er lässt mich visuell und auditiv teilhaben, gibt mir das Gefühl, jetzt und in dieser Situation »dabei zu sein«, und vor allem an Unternehmungen mitzuwirken, die mir unbekannt oder im Alltag verschlossen sind. Zum eigentlichen Geschehen kommt ein Gefühl psychischer Erweiterung: Auch ich erlebe Unerlaubtes, Abenteuerliches, Unwahrscheinliches mit, ohne dabei die Risiken zu tragen. Am stärksten jedoch wirkt, dass ich durch die Identifikation mit einer Figur im elektronischen Raum selbst ein wenig eine Figur im elektronischen Raum bin.

19

Durch die Schnelligkeit und die Reichweite des elektronischen Raums ist er zu der »Welt« geworden, in der Aufmerksamkeit hauptsächlich erlangt werden kann und muss. Im analogen Raum brauchte es außerordentliche Leistungen, um eine gewisse Aufmerksamkeit zu gewinnen. Im elektronischen Raum genügt bereits die Anwesenheit, zum Beispiel in einer Sendung. Die Prominenz mag vielleicht nur sehr kurz währen, doch wird sie durch den Umstand, ohne Leistung Aufmerksamkeit zu erhalten, zu einem scheinbar jedermann zustehenden Gut demokratisiert und weckt den Wunsch und den Anspruch, selbst im elektronischen Raum zu erscheinen.

20

Wir müssen, seit es die quantenmechanischen Anwendungen gibt, zweimal »zur Welt kommen«: Einmal in der Maternité als biologisches Wesen und einmal im elektronischen Raum als gesellschaftliche Figur. In einem Umfeld, dessen Koordinaten aus Erfolg und Erlös bestehen, kann nur derjenige bestehen, der wahrgenommen wird: Aufmerksamkeit erlangen ist gleichbedeutend mit Am-Leben-teilnehmen.

21

Getreu der (allerdings trivialisierten) Kernaussage der Quantenmechanik, dass nur existiert, was beobachtet wird, aber bei Nichtbeachtung in einen Zustand reiner Potenzialität zurückfällt, ist jedermann – um das Gefühl zu haben, »da zu sein«, »zu existieren«, an den Umtrieben »teilzuhaben« – auf Beachtung angewiesen. Er muss (im Sinne der Bildproduktion) aufgenommen werden, und da unser Sehakt längst durch die modernen Bildaufzeichnungstechniken geprägt ist – wir einerseits gewohnt sind, »kameramässig« zu sehen, anderseits auch so gesehen zu werden – erleben wir das Gegenüber als eine laufende Kamera, die uns aufnimmt.

22

Wir müssen uns folglich stets »gut präsentieren und verkaufen«. Das weist darauf hin, dass wir selbst, beziehungsweise unser Ich, einen Warencharakter angenommen haben. Wir sind als Individuen kommodifiziert, das heißt zu einem Produkt geworden, dessen Wert sich an der Aufmerksamkeit misst, die es erzeugt. Das Ich steht damit in einem Konsumptionsprozess: Es wird verbraucht wie irgendeine Ware. Im Gegensatz jedoch zu einem festen Gegenstand (Auto, Kühlschrank etc.) hat das Ich die Möglichkeit, den Verschleiß durch Strategien erhöhter Aufmerksamkeit zu verzögern. Nötigenfalls wird es sich gänzlich erneuern müssen, indem es sich in ein Feld neuer möglicher Aufmerksamkeit begibt. Nichts anderes bedeutet die Redewendung, man müsse sich von Zeit zu Zeit »neu erfinden«.

23

Hinsichtlich der Aufmerksamkeit, die ein Ich in der vordigitalen Zeit erhielt, konnte es seine Persönlichkeit als eine Filmfolie alten Stils verstehen, in die sich sein Beachtetwerden einschrieb, entropisch und damit unauslöschlich: Ich bin dieser Jemand, der dies oder jenes erreicht hat. Wie bei der analogen Fotografie achtete man dabei auf die richtige Belichtung, dass kein Schatten auf die Person fiel, die Wahl des Ausschnitts stimmte und die Stellung zur fokussierenden Linse vorteilhaft war.

Mit dem Übergang von der analogen zur digitalen Fotografie verstehen wir uns immer weniger als eine Persönlichkeit, in die gemachte Erfahrungen eingeschrieben sind, wodurch wir selbst zu Zeugnissen gelebten Lebens werden. Wir begreifen unsere Erscheinung als Lichtrechnung. Unsere Lebensdaten lassen sich nicht nur wie mit Photoshop beliebig umrechnen, das heißt neu interpretieren oder umdeuten – wofür es heute bereits eine ganze psychologische Industrie gibt – sondern auch das Verhältnis zu unserer Lebensgestaltung als Ganzes verändert sich. Ich tue nichts mehr um der Sache willen, weil ich glaube, sie tun zu müssen, aus Berufung oder aus der Überzeugung heraus, nur ich wäre befähigt, die Sache zum guten Ende zu führen. Ich tue eine Sache um der Aufmerksamkeit willen, die sie mir möglicherweise verschafft. Die Tätigkeit selbst wird zum Vorwand, sich im Leben »hochzurechnen«. Zeigt sich, dass durch eine bestimmte Unternehmung keine oder zu wenig Aufmerksamkeit zu erlangen ist, lässt man sie fallen und nimmt sich einer erfolgversprechenderen Unternehmung an.

24

War die Biografie zur Zeit der analogen Fotografie ein Roman mit fix vorgegebenen Glücksmomenten, die Kapitelüberschriften im Erzählfluss darstellten und gliedernd die sich fortwälzenden Ereignisse markierten, ist die Biografie im Zeitalter digitaler Bildtechnik eine Abfolge von in sich geschlossenen Episoden. Sie ist durch Brüche markiert, von schwer erkennbarer Kohärenz.

25

Dieses »digitale« Ich unterscheidet sich von den früheren Ausprägungen als Repräsentant eines Standes oder als bürgerlicher Charakter erheblich. War schon das Ich der analogen Fotografie theatralisiert, indem es auf ein erfolgreiches

Lebensalbum konsumistischer Höhepunkte hin lichtgezeichnet wurde, ist das Ich der digitalen Bildrechnung lediglich noch ein Shifter. Der Begriff stammt aus der Semiologie und bedeutet ein Zeichen, das seine Bedeutung erst durch die Umgebung beziehungsweise seinen Kontext erhält. »Es« ist ein Shifterwort, das allein durch den Kontext definiert wird, und durch Veränderung des Kontextes eine ganz andere Bedeutung annehmen kann, während ein »Piano« auch in verschiedenen Zusammenhängen ein Piano bleibt.

26

Der Zwang zur Aufmerksamkeit, der uns gefühlsmäßig in eine Situation permanenter Beachtung durch kameramäßige Blicke versetzt, verlangt von jedem einzelnen ein hochkomplexes Verhalten, das eine Virtuosität der Einschätzung, des Einfühlens und Nuancierens voraussetzt: Ich stelle mich selber als Figur nicht nur dar, ich versuche gleichzeitig zu erspüren, welche Figur mein Gegenüber von mir erwartet und sich in dem Moment vorstellt. Ich projiziere, entsprechend der alten Theaterregel, dass »die anderen den König spielen«, auf ihn eine für mich günstige Rolle, muss jedoch den Wunsch nach seinem Gesehenwerden erahnen und berücksichtigen, bei gleichzeitigem Bedenken, wie er möchte, dass ich wirke, um ihn zu spielen. Ich bewege mich unter paradoxen Anforderungen einerseits im realen Feld gesellschaftlicher Begegnung und andererseits in einem imaginären Feld aus vielfältigen eigenen und fremden Erwartungen.

27

Diesen Vorgang lediglich als eitle, gegenseitige Bespiegelungen herabzusetzen, urteilt noch aus der Sicht des Ichs als Charakter und übersieht eine existenzielle Not: Das Ich unter heutigen, relativierten Umständen ist niemand, es ist leer, ein Shifter. Es muss sich aus dem Kontext, wie immer der beschaffen sein mag, von Situation zu Situation neu definieren. Dies führt zu multiplen Schwerpunktidentitäten, denn auch der jeweilige Kontext ist nichts Festes oder Unveränderliches. Im Gegenteil, er ist genauso flüssig, flüchtig wie dieses Shifter-Ich, das sich den wechselnden Begebenheiten entsprechend verhalten muss. Zur Vereinfachung im alltäglichen Umgang werden kontextuelle Festlegungen versucht, welche die Zahl möglicher Identitätsschwerpunkte beschränken sollen, wie Fanclub, Modemarken, Freizeitaktivität, Beruf etc.

28

Das Ich als Shifter braucht Schnelligkeit in Reaktion und situativer Anpassung. Es muss aber auch hohe Adhäsionskräfte aufbringen, um das Disparate des eigenen Empfindens, Fühlens, Handelns zusammenzuhalten.

Das zentrale Mittel, um dies wenigstens von Fall zu Fall leisten zu können, ist das Bild. Es ist unmittelbar in seiner Wirkung und umfassend in seiner Aussage. Zugleich lassen sich Bilder rasch gegeneinander austauschen, in ihrer Abfolge können sie hart und diskontinuierlich geschnitten sein, sie verlangen nach keiner logischen Verkettung und behaupten stets, für das Ganze zu stehen.

Wir sind Meister der Brüche: Zeige ich mich einmal in einer Gartenlandschaft, naturverbunden, den Kräutern geneigt, kann ich mich durch simplen Bildwechsel ein andermal als urbanen Szene-Crack in Großstadtschluchten präsentieren. Die Übereinstimmung der Bilder wird nicht in ihrer Abfolge gesucht, sondern in der dialogischen Entsprechung mit dem jeweiligen Gegenüber.

29

Selfies – Digitalaufnahmen, die ich von mir selbst mache und durch soziale Medien verbreite, sind selbstausgelöste Wechsel aus dem analogen in den digitalen Raum, vom unbeachteten Moment in die beachtete Dauer. Das Selfie ist ein wanderndes Spiegelbild. Es modelliert das eigene disparate Wesen nach Models – zur Beachtung gebrachte und geformte Menschen. Diese Anpassung dient der Selbstvergewisserung. Durch die kopierten

Haltungen nimmt man Teil an der Beachtung des Vorbildes und beweist sich selbst, dass man nahe am Produktcharakter ist, der Aufmerksamkeit verdient.

30

Dadurch, dass sich das Ich als Shifter dauernd im Blickpunkt einer Kamera (im eigentlichen wie übertragenen Sinn) wähnt und an den Zwang zur Selbstdarstellung gewöhnt ist, hat eine Theatralisierung des Alltags stattgefunden: Man geht wie einstmals die Schauspieler in Schminke, trägt Kostüme, führt bestimmte Gadgets als Requisiten mit sich, wobei diese herkömmlichen Mittel einer heutigen Selbstdarstellung nicht mehr genügen. Sie müssen durch modische, chirurgische, architektonische Zurüstungen ergänzt werden. Das Kostüm braucht das richtige Label, chirurgische Eingriffe korrigieren, was die Schminke nicht schafft, und der Körper wird getrimmt, sodass die Figur zum Lifestyle passt, den man in einem für Passanten einsehbaren Wohnraum ausstellt.

31

Das Ich als Shifter will gleichzeitig Produkt wie auch authentisch, das heißt »sich selbst« sein, ein Widerspruch, den die Werbung mittels typologischer Konzepte aufzuheben versucht. Sie preist Produkte an, die einerseits eine Identifikation mit einer Gruppe anbieten, andererseits Authentizität durch den Erwerb versprechen: Du bist der Airpod-Typ mit den weißen Röhrchen im Ohr. So adressiert sie den einzelnen Konsumenten, zielt aber auf die Bildung von Stämmen oder Tribes. Produkte werden beworben, um eine potenzielle Käuferschaft zu einer Gruppe oder einer Gemeinschaft zu machen, die sich an dem Produkt gegenseitig erkennt. Die mit dem Produkt verbundenen Werte sollen als die eigenen signalisiert werden: Man gehört zu dem Typus, der das »Lebensgefühl« einer Edwin-Jeans lebt oder das, was eine Breitling am Armgelenk bedeutet. Gleichzeitig gehört man jedoch auch zu einer Gruppe, die Sneakers trägt oder den Schal des lokalen Fußballklubs. Kleider und Waren sind Bekenntnisse eines scheinbar individuellen Lebensstils und signalisieren gleichzeitig eine Gruppenzugehörigkeit.

32

Erfindungen und Moden schaffen stets neue Produkte, die auf bestehende und neue Tribes abzielen. Diese durch Werbung kreierten kollektiven Felder bilden zusammen mit den eigenen, individuellen Feldern eine raum-zeitliche Struktur, die komplex und ohne genaue Festlegungen ist: In ihr bewegen wir uns stets in einem Auf und Ab, in Entstehung und Auflösung gesellschaftlicher

(Produkt-)Zugehörigkeiten. Das Ich als Shifter muss sich also nicht nur in einem individuellen Feld gesellschaftlichen Umgangs behaupten, sondern auch in einer raum-zeitlichen Struktur von Warensignalen, die durch äußerste Fluidität und Volatilität gekennzeichnet ist. Das »Alles fließt« Heraklits, das wenigstens noch einen festen Standpunkt am Ufer zur Voraussetzung hat, ist zu einem »Nichts ist fest« geworden, in das hinein als eine stete Aufgabe des Ichs, im Individuellen wie im Kollektiven, temporäre Inseln der Festigkeit behauptet werden müssen; – die jedoch der äußeren Bestätigung bedürfen, um vom Ich selbst als fest, das heißt wirklich, empfunden zu werden.

33

Als Medium zur Verstetigung fluider Verhältnisse eignet sich das Bild besser als die Sprache mit ihrer grammatikalischen Logik und inhärenten Sukzession: Das Bild hält wenigstens zeitweise und scheinbar fest, was nicht dauerhaft und stets schon verbraucht ist. Es fixiert zwar momentlang das Ich, gibt ihm kurz Halt: Deshalb muss ich stets neu versuchen, in die Bilder zu kommen, muss selbst im Bild sein, denn nur dort bin ich wer, wenn auch nur kurzfristig. Bilder sind im Moment, da sie entstehen, bereits Vergangenheit.

34

Das Private ist ein toter Raum. In ihm wird man nicht gesehen und existiert folglich auch nicht. Deshalb wird alles dafür getan, Privatheit zu vermeiden bzw. sie öffentlich zu machen.

Während das Ich als Charakter, wie es das Bürgertum des 18. und 19. Jahrhunderts ausgebildet hatte, zum öffentlichen Raum hinzu einen privaten in Anspruch nahm, in dem das Gesehenwerden geschützt war und einige Freiheiten im Verhalten wie auch das Ausleben tabuisierter Bereiche erlaubt waren, ist die Privatheit zu einem Bereich geworden, den man gerne zugunsten des Gesehenwerdens preisgibt. Ihm haftet zudem noch die Attraktion des Blicks durchs Schlüsselloch auf Intimes, Verschwiegenes, Verbotenes an, das es nicht mehr gibt.

35

Das privat Öffentlichste ist die Nacktheit. Sie ist nicht mehr tabu, durch Tattoos wird ihre Sichtbarkeit erhöht und gleichzeitig verschleiert: die Haut wird zum Kleid.

36

Statt eines Rückzugs ins Private, wie es vordigital zur täglichen Lebenspraxis gehört hat, drängt man hinaus in die Öffentlichkeit des elektronischen Raums.

Drei verschiedene Kammern lassen sich grob bestimmen, und die Zugänge sind streng reglementiert. Die erste bleibt wenigen Leuten vorbehalten. Sie ist in der Virtualität des elektronischen Raums die »reale« Bildschirmwirklichkeit. In ihr habe ich die höchste Aufmerksamkeit, denn ich bin das Objekt der Kamera und durch sie eine Figur in einem Film beziehungsweise in einer Sendung. Diese erste Kammer kann ich nicht aus eigenem Willen betreten. Entweder habe ich eine Anstellung am Sender oder ich werde eingeladen. Doch dazu braucht es eine den Gesetzen der ersten Kammer entsprechende »Sensation«. Die Möglichkeit, den Eintritt zu erzwingen, habe ich lediglich durch die negative Sensation des Verbrechens: Mord, Terror, Amok sind zuverlässige Türöffner.

Die zweite Kammer ist eine Art »demokratisierte« erste Kammer, eine Bildschirmwirklichkeit, die ich jedoch selbst betreten kann. Mittels Digital- und Videokameras bringe ich mich in den elektronischen Raum: Auch in dieser zweiten Kammer bin ich in den hinterleuchteten und bewegten Bildrechnungen. Die Aufmerksamkeit kann die des ersten Raums übersteigen (Influencer), muss aber auf sozialen Plattformen erarbeitet werden: Ich stelle mich online als ein Produkt, das durch Klicks nach Bestätigung seines Warencharakters verlangt. Ich verkaufe Aussehen, beneidenswerte Momente, familiäre Harmonie, manchmal auch nur die neue Garderobe oder das Festessen mit Freunden.

Der leichteste und vielleicht auch flüchtigste Zugang zum elektronischen Raum ist der, den wir alle benutzen, nämlich als passiv-projektive Betrachter am Rande des Bildschirms. Dieser Off-scene-Raum ist kein harmloser oder zu vernachlässigender Raum. Er verleiht uns eine scheinbare Macht über die Bilder. Wir können sie einschalten, abschalten, wegzappen. Das Konzert eines genialen Pianisten kann ich mit einem Knopfdruck beenden. Was ich bei dieser Respektlosigkeit allerdings nicht weiß, ist, dass ich mich lediglich als Anwender in einem Programm bewege und diese Anwendungen registriert werden. Mit meiner scheinbaren Macht über die Bilder trage ich über Quantenrechnungen lediglich dazu bei, Datenmengen zu generieren, die dazu benutzt werden, mir mehr vom Gleichen anzubieten.

37

Die Off-scene-Kammer, in der ich mich am Rand jedes Bildschirms aufhalte, grenzt mit der Datensammlung an die »unsichtbare Kammer«. In ihr tarnen sich die Daten nicht mehr als Bilder, sondern sind nur noch Daten. Gesammelt aus Spuren, die wir bewusst oder unbewusst hinterlassen, durch Austausch von Informationen, durch Konsum und tägliche Autofahrten oder Ferienreisen, durch Überweisungen und Arztbesuche, Versicherungs- und Surfdaten.

Die gesammelten Daten bekomme ich als algorithmisches Spiegelbild in Werbeangeboten, Suchabfragen, Versicherungsbewertungen etc. wiederum auf den Bildschirm.

38

Das Shifter-Ich hat deshalb neben den vielen situativ-kontextuellen Identitäten, den kollektiven Tribe-Zugehörigkeiten, noch eine dritte, ihm nicht bekannte Daten-Identität. So komplex gestaltet bewegt sich dieses Ich in einer analogen Alltagswelt, in der Kafkas Schloss des elektronischen Raums stetig wächst und für uns heute wie für den Landvermesser K. von bestimmender, doch nicht einsehbarer Bedeutung ist.

VI

Die neuen Universen und das interpretierende Ich

1

Wir arbeiten heute an neuen Universen. Solchen, die aus quantenphysikalischer Technik bestehen, die sogenannten Metaversen. In ihnen wird es möglich sein, sich in unbekannten Landschaften aufzuhalten, sich als Avatar mit anderen Avataren zu treffen und zu interagieren. Ich werde dort ein zweites Ich sein, eines meiner eigenen Fiktionalisierung.

2

Was die Literatur seit alters mit Wörtern und Sätzen mühsam und als eine Kunst betreibt, der Film mit intensiven Bildfolgen zu bewirken versucht, wird im Metaversum zur erlebbaren Realität: Ich betrete tatsächlich den Raum einer »Geschichte«, in der ich selbst eine Rolle habe, die ich fortwährend – wie in der analogen Welt – selbst »schreibe« und durch mein Handeln bestimme.

3

Was aber wäre, wenn unsere analoge Welt, in der wir uns bewegen und handeln, selbst ein Meta-Universum wäre, in dem unsere Sinne die Brille sind, durch die unsere Umgebung – die Landschaft, die Wohnung, der Arbeitsplatz, unsere

Liebsten und Freunde – aus dem Meer an Energiezuständen sich permanent neu realisierte?

Auch die letzte feste Größe nach Raum und Zeit würde aufgelöst. Was wir als feste Gegebenheiten in der uns vertrauten Lebenswelt halten, erwiese sich als sich stets neu konzipierende Hologramme.

4

Bewegten wir uns tatsächlich durch ein Meer von Teilchen und Wellen, würden wir uns in einem Meer beharrlicher Potenzialität bewegen, in dem es die Dinge nicht gibt, bis zum Zeitpunkt einer ersten Beobachtung. Dieser Akt des Schauens ist ein energetischer Akt, der bewirkt, dass aus der unendlich großen Zahl von Optionen die eine sich realisiert: Diejenige, die ich schaue.

5

Der Beobachtungsvorgang teilt jedem Teilchen, jeder Welle ein »Wissen« mit, das aus der Gesamtheit der Wahrscheinlichkeiten die eine realisiert. Hört die Beobachtung auf, hört auch die beobachtete Realität auf – lässt aber den Beobachter verändert zurück: Ihm prägt sich die Beobachtung als Entscheidung ein, er verliert spezifische Potenzialität.

6

Wie ich es gesehen habe, ist es. Meine Interpretation.

7

Mein fortgesetztes Schauen ist ein fortgesetztes Festlegen und bedeutet ein Interpretieren im Sinne schon gemachter früherer Interpretationen: Ich entwerfe fortwährend meine Welt, und die Welt entwirft mich, entsprechend des neuropsychologischen Befunds, dass »unser Gehirn ständig versucht, die Welt auf der Basis der gespeicherten und gerade anliegenden Informationen zu interpretieren. Das bedeutet, dass diese Interpretationen höchst individuell sind. Fügen wir dem Interpretationsapparat Gehirn neue Informationen hinzu, wird das Ergebnis anders ausfallen.« (Lutz Jäncke, Professor für Neuropsychologie, Zürich).

8

Ich mache nicht diese Welt, auch wenn ich sie fortwährend entwerfe. Die Welt ist kein Ausfluss des Ichs. Ich kann sie deshalb auch nicht einfach »anders« denken: sie umdenken.

9

Der Widerstand, auf den meine Interpretation trifft, sind die Interpretationen der Anderen – und diese »Anderen« ziehen sich durch Zeiten und Generationen. Viele Generationen, viele immer wiederholte Interpretationen –

10

Was mich umgibt, sind Interpretationen in verschiedenen Graden der »Verfestigung«, in verschiedenem Verfallszustand, in verschiedener Gültigkeit: Interpretationen im Sinne Wittgensteins, als Lösungen ehemaliger Probleme.

11

Diesen Interpretationskonglomeraten kann ich mich nicht entziehen. Sie schauen auch mich an. Sie entwerfen auch mich.

Diese Interpretationskonglomerate sind eine unumstößliche Realität aus gänzlich Fiktivem.

12

Ich selbst bin Teil einer fundamentalen, biologischen Interpretation, die einen bestimmten Knochenbau, Muskeln, Nerven etc. festgelegt hat. Diese fundamentale, biologische Interpretation lässt auch nur bestimmte Muster an weiteren Interpretationen zu:

Mein Blick, mein Schauen erzeugt im Meer der Teilchen und Wellen (auf der überindividuellen Ebene) sich gleichende, kaum variierende Interpretationsmuster beziehungsweise Beiträge zu Interpretationsmustern.

13

Diese Muster werden ergänzt durch einen Anteil an Interpretationen, die aus dem bestehen, was ich sehen will oder entsprechend meiner Fähigkeiten erkennen kann.

Ein anderer ergänzender Anteil besteht aus dem, was Andere gesehen und interpretiert haben, das durch Zeiten und Schichten nachwirkt als »archivierte Energie«.

14

Die mächtigste archivierte Schicht ist die biologische. Die historischen Schichten nehmen an Mächtigkeit in Richtung Gegenwart ab.

Mächtigkeit ist wörtlich zu verstehen, nämlich in der Größe der Energie zur formierenden Struktur im Meer der Teilchen und Wellen.

15

Interpretationen erzeugen Festigkeiten. Sie schreiben sich ein, verdichten sich, lassen immer weniger Spielraum für neue Interpretationen: Ein Tisch ist ein Tisch ist ein Tisch. Mein Widerstand und meine interpretatorische Begrenzung sind die Interpretation der Anderen.

16

Im Korbstuhl in meiner Flussklause, an den ich mich seit meiner frühesten Kindheit erinnere, sind neben Erinnerungen an die Frühzeit Ägyptens (damals wurde der Stuhl »erfunden«), des Flechtens (eine frühe Menschentechnik) etc. auch noch jene von Vater und Mutter bewahrt, die den Stuhl kauften und nutzten.

Ich spüre im Rattan die Schwingungen ihres Blickes, der nach Garten, Terrasse und weißen Sommerkleidern sich sehnte.

Schaue ich nicht hin, sind der Korbstuhl, die Flussklause nicht mehr da. Sie lösen sich schlagartig in die myriaden Optionen auf, die sie vor meiner Beobachtung schon gewesen sind.

Schaue ich erneut hin, ist die im Hier und Jetzt eine und einzige gültige Interpretation wieder hergestellt und praktisch identisch, doch auch verändert (meistens im infinitesimalen Bereich) durch den energetischen Beitrag des Blicks und seiner leicht veränderten Wahrnehmung.

17

Zwischen den zwei Blicken liegt die schöpferische Lücke, der Zwischenraum, durch den Unbekanntes, Uninterpretiertes in die Festlegungen meiner gewohnten Interpretationen eindringen kann.

Ich sehe etwas Gewohntes zum ersten Mal neu oder anders.

18

Ohne das beständige Neuinterpretieren tendieren die Strukturen dazu, in der Zeitachse Energie zu verlieren. Sie bewegen sich auf frühere (und schwächer gewordene) Interpretationen zu oder auf elementarere: Sie folgen dem Entropiegesetz. Ohne Aufmerksamkeit wird ein Haus zur Ruine, die Ruine zu Ziegeln und Balken.

19

Neuinterpretationen bewegen sich in Richtung des »Pfeils der Zeit«. Sie entsprechen Reformen, den graduellen Veränderungen und Anpassungen an eine sich ändernde Wahrnehmung.

Die Uminterpretation oder auch Umdeutung entspricht einer partiellen Umkehr der Zeit. Sie geht an den Ursprungs- oder Wurzelort zurück, um von der dortigen, neu postulierten Wahrnehmung ausgehend die gesamten historischen Erscheinungen entlang der Zeitachse zu verändern.

Wie bei einer Auskristallisation in einer Flüssigkeit durchzieht und durchwächst ein neues Kristallgitter (entsprechend der Festlegung durch Neuinterpretation) die Lösung (das heißt, das Meer der Teilchen und Wellen).

20

Ein Sektor, eine Wahrnehmungsbahn wird vollständig verändert. Das Analogon ist die amerikanische Kurzgeschichte: Man liest den Fortgang eines Ereignisses, das auf einen Punkt hinführt: Die Pointe im letzten Satz. Sie macht eine völlig andere Lesart der Geschichte nötig. Was ich gelesen habe, wird uminterpretiert: Ich muss nochmals von vorne beginnen, weil meine Wahrnehmung durch die Schlusspointe unumkehrbar verändert ist.

21

Deshalb ist die Geschichtswissenschaft eine interpretative Wissenschaft. Eine faktische konnte sie bis zum Ende des 19. Jahrhunderts sein. Doch entsprechend dem neuen Weltbild leben wir stets in der Unmittelbarkeit sich konstituierender Welten, ist Geschichte eine immer wieder vorgenommene und vorzunehmende »verzögerte Entscheidung«, die das Universum bis in seine Anfänge zurück wieder erschafft, wieder interpretiert – und ohne, dass wir dadurch je »berühren«, was gewesen ist.

22

Ich bin mit meiner Interpretation von dem, was war, ist und sich zur Zukunft entscheiden soll, nie allein. Das verunmöglicht jeden Gedanken an eine solipsistische Allmacht.

Nicht nur durch die biologischen Grundkomponenten meines Daseins – Bewegung, Empfindung, Wahrnehmung – bin ich eingebunden, sondern auch durch die Sprache, eine Herkunft, eine durch Andere formierte mich umgebende Interpretation.

Dazu kommt mein selbst erworbener »individueller Verbund« an längerfristig festgelegten Interpretationen – bestehend aus: demjenigen, der ich bin, der ich nicht geworden bin und aus denen, die bei mir eingezogen sind (Michael Ondaatjie; – der mit letzteren all jene Personen bezeichnet, von denen wir irgendein Element des Ausdrucks übernommen haben).

23

Wenn wir die »Nichtlokalität« von Photonen und Elektronen analog auf unsere Menschenwelt übertragen, so müsste ich annehmen, dass sich irgendwo auf dieser Welt ein Mensch befindet, der sich nicht unabhängig von mir verhält, andererseits ich aber auch mich nicht unabhängig von einem mir gänzlich Unbekannten bewege und verhalte – wobei dieses »Bewegen« und »Verhalten« wiederum keine Beliebigkeit bedeutet, sondern bestimmt wird durch andere Interpretationskonglomerate, zu denen das vorranging Nichtlokale hinzutritt: Ich habe in dieser von mir gelebten, augenblicklichen Welt eine Gegenfigur mit gegensätzlicher Polarisation.

24

Dem Negativen steht ein Positives gegenüber – und ich kann nicht »gut« sein, ohne ein davon abhängiges »schlecht« oder »böse« mit zu initiieren.

Wer daraus gleich einen Fatalismus ableitet, dass es also nicht darauf ankäme, gut oder schlecht zu sein, da es letztlich um ein Nullsummenspiel gehe, befindet sich in einer irrtümlichen Vereinfachung.

Die Aussage zielt vielmehr auf eine Aufhebung der Gegensätze, dass es nicht nur das eine oder andere gibt. Ganz gleich, wie weit wir räumlich voneinander getrennt sind, die Entscheidung des Einen beeinflusst die Entscheidung des Anderen, ja bestimmt ihn, auch dann, wenn wir diesen Zusammenhang nicht durchschauen.

25

Wir kennen nur die Grundtatsache, ohne um die Details zu wissen – auch in den durch uns verursachten Details nicht: Ihre Dialektik ist die Dialektik von Teilchen und Antiteilchen.

Daraus leitet sich eine viel umfassendere Verantwortlichkeit ab: Lasse ich (entsprechend einer Viel-Welten-Interpretation) als Beobachter mit jedem Blick (Messung) eine auszweigende Welt zurück und bin als ein Individuum in einer einzelnen sedimentierten Weltschicht eingeschlossen, so hat die »Nichtlokalität« im Bereich des Menschlichen eine notwendige Funktion des Zusammenhalts. Sogar in einer selbstgewählten Vereinzelung bin ich dennoch mit den Welten und den anderen Schichten verbunden und mit diesen in einem mir nicht bewussten Austausch.

26

Wenn ich in diesem ganzen Prozess nicht allein bin, so bin ich doch gänzlich allein in der infinitesimalen Variation von Welt, die ich in jedem Augenblick schaffe und zurücklasse, als eine nicht mehr zu betretende Welt.

27

Ich bewege mich durch Haarschichten von Welten: Doch immer nur vorwärts, unter Zurücklassung von vollständigen, aber vollständig unzugänglichen Kosmen.

28

Die Haarschichten von Welten, immer rechtwinklig aufeinander stehend, bilden ein vieldimensionales Raum-Zeit-Gitter. Jede dieser Haarschichten setzt sich zeitlich als Lebenswelt fort. Durch sie erscheint mein Leben als wachsendes sphärisches Gebilde aus Möglichkeitsformen, die in jeder Haarschicht einen Anteil Realisierung trägt. Es entsteht ein raumzeitliches »Haarschichten-Gebilde« aus entschiedenen Möglichkeiten von Interpretationen.

29

Erinnerungen sind Bruchstücke aus den Haarschichten, die das raumzeitliche »Haarschichten-Gebilde« formen. Sie werden in codierten Interpretationen bewahrt. Sie haben eine Unschärfe aus zweierlei Quellen:

- Die Haarschichten können niemals wieder isoliert betrachtet werden, wie sie einstmals gesehen worden sind. Stets werden sie durch eine Mehrzahl von Schichten gesehen, selbst dann noch, wenn es um die Erinnerung eines bestimmten Augenblicks geht, der vielleicht besonders eindrücklich war.
- Haarschichten verkleben, und es ist unmöglich, sie ohne Verunreinigung durch die Gegenwart – bedingt durch Erfahrung, die man seit dem Erleben gemacht hat, durch Stimmungen und Befindlichkeiten – wieder in die ursprüngliche Interpretation zurückzuführen.

Dazu kommt, dass auch die Erinnerungen selbst wiederum sekundäre »Haarschichten-Gebilde« erzeugen, was bedeutet, dass ich nie in dieselbe Erinnerungsschicht zurückkehren kann, nicht nur wegen der Einfärbungen und verändernden Verunreinigungen: Der Erinnerungsvorgang selbst schafft im Rhythmus von Zehntelsekunden neue Haarschichten, die weiterwirken, optionale Möglichkeitsformen darstellen, die durch Nichtlokalität durchaus die Möglichkeit haben, andernorts, von uns »unbewusst« eine Fortsetzung zu finden (was seit alters mit der Vorstellung zusammenfällt, ein »Gedanke«, einmal in der Welt, könne daraus nicht mehr entfernt werden und tendiere zur Realisierung).

30

Neben meinem stets wachsenden »Haarschichten-Gebilde« von Welten, die weiter existieren und sich von mir unabhängig weiterentwickeln, wächst genauso ein sekundäres Gebilde von Erinnerungen, das wiederum ein tertiäres erzeugt und so fort.

In diesen seriell sich aneinanderreihenden Gebilden – die wie Schatten von Schatten sind – einen Sinn zu finden, der wie ein Pfeil die Schichten durchstößt, und unter eine bestimmte Metasicht stellt, ist der poetische Vorgang par excellence.

31

In diesem Kosmos aus vielen Haarschichten, die wie die Blätter in einer Baumkrone sind, bewege ich mich als eine »holografische Projektion« gespeicherter Daten, abgelegt am Rand des Nichts, eines »Schwarzen Lochs«. Diese Daten altern, sie werden fehlerhaft, zerfallen. Sie verwehen wie die

Blätter eines Baums und zum Schluss bleibt der Wind, der durch die kahlen Zweige weht, zwischen denen die azurne Bläue kristallener Klarheit heller und heller wird.

Abbildungen

Literatur

Wichtige Anregungen für den Essay erhielt ich durch:

- Bruno Binggeli, *Primum Mobile, Dantes Jenseitsreise und die moderne Kosmologie*, Ammann Verlag, Zürich 2006.
- Wolfgang Hagen: »Funken und Scheinbilder, Skizzen zu einer Genealogie der Elektrizität«, in: *Mehr Licht*, Merve Verlag, Leipzig 1999.
- Herta Wolf (Hg.): *Paradigma Fotografie, Fotokritik am Ende des fotografischen Zeitalters*, 2 Bd., suhrkamp taschenbuch wissenschaft 1598, Frankfurt a. M. 2002.
  Besonders eindringlich in Band 1:
- Wolfgang Hagen: »Die Entropie der Fotografie. Skizzen zu einer Genealogie der digital-elektronischen Bildaufzeichnung«, S. 195–235.

Verlag und Autor danken dem Aargauer Kuratorium für den Druckkostenbeitrag

AARGAUER KURATORIUM

www.christianhaller.ch

Erste Auflage Berlin 2023

MSB Matthes & Seitz Berlin
Verlagsgesellschaft mbH
Großbeerenstraße 57A | 10965 Berlin
info@matthes-seitz-berlin.de

Satz: Monika Grucza-Nápoles, Berlin
Druck und Bindung: GGP Media GmbH, Pößneck
Umschlaggestaltung nach einer Idee
von Pierre Faucheux
ISBN 978-3-7518-0557-5
www.matthes-seitz-berlin.de